人間なんて怖くない
写真ルポ
イマドキの
野生動物

宮崎 学 Manabu Miyazaki

目次

プロローグ 4

1章 変わりゆく動物地図──自然環境の変化を受けて 10

ノウサギ盛衰記 12

「幻の動物」はいま 16

山へ進出する水辺の鳥たち 20

ムササビ、フクロウは住宅難 24

シカ激増、そして…… 28

クマの遊歩道 32

2章 外来動物、勢力拡大中──日本の自然に溶け込む 38

空飛ぶハクビシン 40

マングースに土日はない 44

タイワンリス、東へ西へ 46

岸辺のヌートリア 48

神出鬼没なチョウセンイタチ 52

アカミミガメがいっぱい 54

ラスカルの行方 56

キョンが攻めてくる！ 58

3章 現代の山の幸──「餌づけ」って何？ 62

田畑に集う動物たち 64

フルーツ天国 68

意外な餌場 72
　　　養蜂家とクマの闘い 78
　　　行列のできる「泥なめ場」 82
　　　クマのサプリメント 86

4章 人間なんて怖くない──人慣れした新世代動物 90
　　　傍若無人なサル 92
　　　トラクターに群れるアマサギ 96
　　　物乞いするキタキツネ 98
　　　進化するイノシシ 100
　　　高速道脇のレストラン 104
　　　明かりに慣れた動物たち 108
　　　飛び出し注意！ 114

5章 サインを読みとくヒント──野生動物と向き合うために 118
　　　「松枯れ」というサイン 120
　　　足跡で読む動物の心理 124
　　　糞のメッセージ 128
　　　クマ棚から見えてくるもの 132
　　　疥癬はどこまで広がるか 136
　　　白いタヌキの出現周期 138

　　　エピローグ 140

プロローグ

　人家の布団の中にまで入り込んできて、つぎつぎと人を襲う噛みつきザル。農作物を荒らし、人に突撃する殺人イノシシ。増えすぎて高山帯にまで進出し、貴重なお花畑を食い尽くすニホンジカ。人里周辺に頻繁に出没し、もはや通り魔的な様相を呈してきたツキノワグマ……。近年話題になった事象だけでも、野生動物たちの傍若無人ぶりはすさまじい。

　イマドキの野生動物は、本当に人をナメている。昔だったら考えられないぐらい、堂々と人里に出てくるし、人を見ても怖がらなくなった。いったいなぜ、動物たちはこれほど大胆な行動をとるようになったのか。じつはこうした「イマドキの動物たち」をつくりだしているのは、何を隠そう、われわれ自身、つまりイマドキの人間たちなのだ。

　ボクは、中央アルプスをおもなフィールドにしながら、もう半世紀近く、日本の人と自然をテーマに写真を撮り続けてきた。この半世紀を振り返ってみると、以前はふつうに見られた動物がいなくなったり、反対にめったに見られなかった動物が頻々と現れるようになったりと、動物相が確実に変化している。外来種も、飛躍的に増えてきた。これは、私たちがつくってきた社会環境が、ある動物には不利に、またある動物には有利に働くといったことが、周期的に繰り返されてきた結果である。環境にうまく適応した動物たちは、人知れず数を増やし、思わぬところにまで出現して人々をおどろかせている。

　動物たちを変えたもうひとつの要因は、人間が自然に対して無関心になったことだろう。人口が都市に集中することで、人々の日常生活から自然や動物の意識が希薄になった。いっぽう、地方の山野では過疎化が進み、若い働き手がいなくなって周囲を管理できなくなった。そのため、動物たちは安心して田畑を荒らしにくるようになり、不用意に投棄された作物や生ゴミも、格好の餌となった。こうして動物たちは、人間側の変化を敏感に察知して、人間社会にどんどん接近してきたのである。

山陰海岸沿いの絶壁状の斜面の森に、畑がぽつんと拓かれ、おばあさんがひとり、黙々と畑仕事をしていた。

　上の写真には、そんな人と野生動物との関係が、象徴的に現れている。ここは、急峻な山の斜面を切り拓いた畑。かつて集落に人が大勢住んでいた時代には、食糧も必要だったから、こんな場所まで必死に耕したのだろう。しかし、やがて過疎化が進み、このような畑はつぎつぎに放棄されて、もとの森に戻りつつある。そんな中で、まだ集落に残っている人の畑だけが、ぽつんととり残されている。畑の周囲には獣害対策のため、波トタンや魚網が張りめぐらされているが、もはや人間と動物との力関係は、火を見るより明らかだ。過疎化をむかえた限界集落では、野生動物の力が圧倒的に強くなってしまった現実を、この光景は如実に物語っている。

　いや、それだけではない。この写真は、畑を都市、そのまわりを山野と置き換えて見ることもできる。多くの人間が都市で暮らしている間に、周囲の自然は勢力を強め、いまや圧倒的な力をもって人間社会を包囲している。こ

長野県伊那盆地に残っている江戸時代の「猪垣」。石積みのものが、中央アルプス山麓に沿って10kmも続く。

の囲いの中に野生動物が飛び込んでくることに、いったい何の不思議があるだろう。

　人と動物とのせめぎ合いは、稲作を始めた時代から、日本人が延々と向き合ってきた問題だ。中央アルプス山麓の伊那市には、江戸時代につくられた「猪垣」の遺構が残されている。猪垣とは、イノシシやシカなどが農地に侵入するのを防ぐために、材木や石垣などで築いた柵のことだ。周辺の村が共同して石垣を積んだり、木材を組んだりして、延々と10km以上の猪垣をつくり、集落全体を囲った。地域住民は、当時もそうとう獣害に悩まされていたことがうかがえる。

　当然、住民たちは守り一辺倒でなく、いろんな罠も使って圧力をかけていただろう。だが当時は、農民による銃の使用は基本的に禁止されていたから、地域住民はさまざまな知恵をしぼりながら、野生動物を捕まえていたと思わ

1800年代初頭、長野県の諏訪形村につくられた猪垣を復元したもの。柵の反対側には、堀が掘られている。

れる。たとえば、「けもの道」に石の重みで動物を押しつぶしてしまう罠や、落とし穴、槍が飛び出す罠、木や竹のバネを利用した「くくり罠」などを仕掛け、いまに語り継がれるさまざまな方法を工夫して、動物たちを駆除していたに違いない。

　少なくとも昭和の初期までは、日本人は野生動物に囲まれているという意識をもって生活していたし、集落全体で動物対策を講じてきたはずである。ところが、戦後急速に経済成長し、人口が都市に集中すると、山野は急速に過疎化し、本格的な対策が講じにくくなった。動物を押し返す力はなくなり、もはや防戦すらおぼつかない状況だ。

　ボクは日本各地を旅しながら野生動物を撮影しているが、農地も必ずチェックすることにしている。農地を見れば、周辺の野生動物のおおよその生息状況がわかるし、土地の人がどんな対策を講じているのかに興味があるからだ。

現代の「猪垣」その1。すべてを金網で囲ったサル対策用のフェンスから、竹を利用して組んだ柵や、波トタンを組み合わせたものもある。

　市販の獣害ネットや波トタンで柵をつくっている地域では、その一帯はたいてい同じような標準タイプが多い。しかし、廃材や竹などを編んで垣根にしたり、廃棄ドラム缶だけでフェンスをつくっていたり、廃棄された企業の看板で畑をぐるりと囲んでいたりと、ユニークなものに出くわすことも少なくない。そうかと思えば、大金をかけて電気柵を設置しているところや、金網の柵で延々と集落全体を囲っているところもある。

　いずれにせよこうした柵は、定期的に修正を加えていかなければならない。雨風などの自然現象による劣化のほかに、「動物たちの慣れ」を考慮しなければならないからだ。フェンスをつくって安心してしまうことが多いが、相手がしたたかな野生動物である以上、「万全」などということはあり得ない。数年は効果があったとしても、彼らは必ず隙をついて、想定外の方法で乗り越えてくる。それに対応するためには、つねに動物たちの状況を知り、現在進

現代の「猪垣」その2。ドラム缶や企業の看板、布団からCDまで、利用できるものは何でも使ったユニークなフェンス。はたして効果は？

行形で対策を講じていく必要があるのだ。

　ところが、いまの社会には、そうした動物たちの状況や心理を読める人が少なくなってしまった。まずは、いまの日本の山野の現状をしっかり把握し、周辺にどのような野生動物がどのぐらいいるのか、ということを認識する必要がある。と同時に、人間社会が無意識に行っている「餌づけ」行為にも気づかなければならない。そのうえで、何の動物がどういうルートでやってきているのかを探り、それぞれの動物の習性に合わせて、個別の対応をしていく必要があるだろう。

　この本には、そうした野生動物問題に向き合うための、さまざまなヒントが盛り込まれている。ボクは写真家だから、写真という視覚言語で多くのことを表現しているつもりだ。写真から、文章化されていないメッセージまで読み取っていただければ幸いである。

変わりゆく動物地図
――自然環境の変化を受けて

　「変わらぬ自然」という言葉がある。そこには、自然はつねに変わらず美しくあり続けてほしい、という願いが込められているように思える。
　ボクが日本の自然をテーマに写真を撮りはじめてから、もうかれこれ半世紀近くになるが、長年、自然の姿を写していてつくづく感じるのは、「自然はつねに変化し続けている」ということである。言い換えれば、「変わらぬ自然」などあり得ない、ということだ。そしてその変化の多くは、じつは私たち人間社会によって引き起こされていることに気づく。
　とりわけここ半世紀の自然環境に大きな影響をあたえてきたのが、1960年代前後に国策で行われた国有林や民有林の伐採事業だ。原生林をふくむ広大な面積の森林が、全国的に一斉に皆伐されたのである。この半世紀にわたる森林性動植物の生息環境は、ある意味、伐採後の森林再生プロセスによって、形作られてきたともいえるだろう。
　では、伐採によって山はどう変わったのか。単純に景観という点から見てみれば、伐採当時の山肌は一時的に見晴らしがよくなり、はるか遠くまで見通せるようになった。ところが、10年、20年、30年と経つにしたがい、植林された樹木や自生してきた樹木が成長を続け、それまで見えていた遠くの景色が遮蔽されて、いつのまにかまったく見えなくなってしまった。
　このような変化は、毎日漫然と山を見ているだけでは、なかなか気づかない。しかし、長期にわたる定点撮影を行うことで、その変化が如実に現れてくる。伐採直後と、半世紀近く経った現場の写真を見比べてみれば、その違いは一目瞭然である。
　これらの写真が物語っているのは、森林内ではさまざまな樹木が激しくせめぎあいながら成長を続けている、という事実だけではない。そこに暮らす野生動物たちの生息環境が、どれだけドラスティックに変化しているか、ということも、雄弁に物語っているのである。
　では、この半世紀にわたる「変化」は野生動物たちに、具体的にどのような影響をおよぼしているのだろうか。影響が顕著に見られる動物たちの、それぞれの事情を見ていくことにしよう。

1章

1971年に皆伐された山肌(上)と、全く同じ位置の2011年の状態(下)。ここは伐採後40年間放置されてきたので、木々がすっかり生長し、森は安定に入って下生えも落ち着き、ある程度見通しのよい状態になっている。

ノウサギ盛衰記

　1959年、ボクが10歳だったころの話だ。

　当時はまだ、多くの家庭で薪を燃料にしていたから、里山はほとんどの木が切り倒されて、ハゲ山状態だった。そんな見通しのいい裏山には、いつだってノウサギがたくさんいて、いたるところに足跡や糞が転がっていた。「兎追いし彼の山」はごく身近にあり、まわりにノウサギがたくさんいるのは当たり前のことだと、子供心に思っていた。

　それから8年ほどたって、中央アルプスに出かけた。中央アルプスでは1960年代半ば、国有林が広大な面積にわたり皆伐されていた。ノウサギが好む開けた環境が、大規模に出現していたのだ。そんな林道を夜間に車で走ってみれば、わずか10kmほどの区間でノウサギが50匹以上も飛び出してきた。

　それから十数年後の1980年代前半、ボクは人里近くの「けもの道」を3年間かけて定点撮影した。このとき、最も多く写った動物は、やはりノウサギだった。つまりこの時期まで、中央アルプス周辺には、相当数のノウサギが生息していたことになる。ところが、あれほど栄華を極めていたノウサギが、1980年代後半には急速に数を減らしていった。そして1990年代に入ると、ついにまったく見られなくなってしまったのである。

1982-1984年にかけて、駒ヶ根高原のカラマツ林内や川の「けもの道」で撮影されたノウサギ。このころまで、ノウサギは山野のいたるところに跋扈していた。

　その理由は、こういうことだ。森林の皆伐によって一時的に背丈の低い草原状態が作り出され、ノウサギは餌が得やすくなったと同時に、遠くまで見渡せて敵を察知しやすくなった。このようなノウサギに適した環境が広がったことで、急激に数を増やしたのである。長野県では伐採後、カラマツを広面積にわたり植林したが、カラマツは落葉樹で冬に葉を落とすため、林床に日が当たってさまざまな樹木が発生し、幼木がびっしりとひしめきあって成長をはじめた。そして背の高い草原、さらに灌木林へと遷移し、地表がまったく見えないほどブッシュ化していった。いっぽう里山も、薪をとることもなくなって人手が入らなくなり、同様にブッシュ化した。そうなると、ノウサギは餌がとりにくくなったうえ、視界が遮られてキツネなどの天敵に襲われやすくなり、数を減らしていったのである。

　ところが最近、またあらたな動きが見られはじめた。少しずつではあるが、ノウサギの足跡が復活してきたのだ。皆伐から40年以上たった森林は樹木間の競争が安定し、ある程度下生えも限られてきたから、ノウサギでも遠くまで見通せる環境が森林内に現れてきたようだ。今後も森林の遷移とノウサギの動きに注目していきたいと思う。

左ページ：伐採から30年後の林内。林床にはササ、ダンコウバイ、モミジイチゴなどが生い茂っていて、ノウサギのような動物にはすみにくい環境となっている。
上：2000年代に入って撮影されたノウサギ。やはりノウサギは、こういう開けた環境を好む。
左下：ノウサギによるフキノトウの食痕と糞。糞は直径1cmほどの球状で、食物繊維がつまっている。
右下：伊那谷の雪上で見つけたノウサギの足跡。ノウサギ復活はなるのか？

「幻の動物」はいま

　1950年代、ニホンカモシカは絶滅寸前の「幻の動物」といわれ、高山帯から亜高山帯に、ひっそり暮らしていると考えられていた。

　そのニホンカモシカにボクが初めて出会ったのは、1967年のことである。中央アルプスの標高1600mほどの森林帯で砂防工事をしていた作業員から、「カモシカによく出会うよ」という話を聞いたのだ。あの幻の動物が、工事現場に出てくるという。なんとも複雑な感情が湧いたものだった。

　さっそく現場に出かけてみると、すでに皆伐された無惨なハゲ山だった。いたるところに直径1mほどの巨木の切り株があり、材木にならなかった木の幹がなぎ倒されていた。そんな無惨なところに、ニホンカモシカは出てきていたのである。

　ニホンカモシカは、切り株の間の雑草や、若い灌木の葉や枝先をさかんに食べていた。そして1時間ほど食事をすると切り株の上に座り、口をもぐもぐさせて反芻をはじめ、やがて居眠りしてしまうのだった。動作はきわめて緩慢で、派手さもなく、被写体としてはちっとも面白くなかった。しかも一日中観察していると、多いときには10頭以上見つかることもあり、数が少ない幻の動物とはとても思えなくなった。それもそのはず、ニホンカモシカはこの時期に急増していたのである。

左：中央アルプス、山頂付近のハイマツ帯を移動してゆくカモシカ。
右：下界の人里に出てきてしまったカモシカ。

　ノウサギ同様、大規模な森林皆伐が、カモシカに豊富な餌を提供した。伐採によってそれまで地中に眠っていた種子がいっせいに発芽し、そこから出てきた若木たちが、ノウサギやカモシカたちの食糧になったのだ。皆伐という人間の暴挙が、カモシカたちに巨大なレストランをあたえたわけである。

　こうして伐採地でどんどん増えたニホンカモシカは、新天地を求めて山麓の里山まで出てくるようになった。さらに、植林したヒノキの苗木を食べてしまうという理由で「害獣」扱いされるようにもなった。「幻の動物」として天然記念物にまで指定されていたニホンカモシカが、増えすぎて害獣となり、保護を巡って国と林業者の裁判にまで発展してしまったのである。

　ボクが観察を続けた1960〜1970年代は、いわばニホンカモシカにとっては異常繁殖期ともいえる時期で、生息数もピークを迎えていたと思われる。ただし、ニホンカモシカはニホンジカのように一頭の雄が何十頭もの雌に子供を生ませることはなく、緩い家族単位で生活をするので、爆発的に増加することなく、少数安定型の生活スタイルを維持して、今日にいたっている。

上：カモシカによる食害防止のために、
ヒノキの苗木にかぶせられたネット。
下2枚：カモシカによるイタドリの食痕。
ところどころつまみ食いしていくのが特徴。
右：駒ヶ根高原の一角にあるホテル街を、
カモシカが悠然と歩いていた。

山へ進出する水辺の鳥たち

　長野県の山間部を流れる天竜川は、かつては水が清らかで山紫水明といわれていた。川にはヤマメやハヤなどの魚がいたから、それらを食べるヤマセミやカワセミも多かった。

　その天竜川で初めてシラサギの仲間であるコサギを発見したのは、1969年のことだ。シラサギは都会など人口密集地にいるもので、山間部では見られないと思っていただけに、強烈な印象が残っている。それから、年々その姿を見る機会が増えていき、10年もたつとふつうに見られる野鳥になっていた。

　その後、夜行性のゴイサギの声がさかんに聞こえはじめた。「ゴァー、グァー」と独特の声を出す。昼間、河畔林に集団で隠れている現場も見つかり、水辺環境が変化してきていることを実感したのが、1975年ごろだ。

　するとこんどは、アオサギが来るようになった。大きく、ツルのような姿はとにかく目立った。アオサギもどんどん増え、いたるところアオサギだらけとなったのが1980年代。いっぽう、コサギとゴイサギは数を減らしていった。

　1990年代にはカワウが現れはじめ、1995年ごろに200羽もの大群が観察された。漁業被害も出てきたため、繁殖地の巣に石膏でできた擬卵を抱かせ、繁殖抑制の対策がとられることになった。

　そして2000年代、コサギ、ゴイサギはほとん

コサギ

ゴイサギ

1980年代後半、天竜川の河畔林で集団営巣するゴイサギ(灰色)と、まわりに集まるコサギ(白色)。
こうした光景は、2000年代に入るとまったく見られなくなった。

アオサギ

ダイサギ

早朝、中央アルプスの山々をバックにカワウが編隊を組んで飛ぶ。

　ど姿を消し、アオサギやカワウはほぼ横ばい状態ながら、若干数を減らした。そこに新たに現れたのが、ダイサギという大型のシラサギである。ダイサギは都市付近の汚れた川に多い野鳥だから、天竜川の水質が確実に悪くなってきていることを物語っているように思える。

　このように天竜川を定点観察していると、出現する野鳥が確実に変化していることに気づく。その背景を考察してみれば、コサギが進出してきた時期は、高度経済成長期になって地域住民が洗剤を多用し、家庭排水を河川に垂れ流しはじめたころと一致する。また、アオサギやカワウが進出してきた時期は、冬期間のスリップ防止のため、道路へ融雪剤として塩化カルシウムを撒きはじめたころと重なる。この塩分は水に溶けて川に流れるから、天竜川の塩分濃度が上がり、部分的に海辺の汽水域と似た環境になってきたことも考えられる。なぜなら、アオサギもカワウもダイサギも汽水域を好む野鳥だからである。

　こうしてわれわれの生活は見えないところで、野生動物たちに影響をあたえてきているのだ。

上：雪をいただいた八ヶ岳連峰を背景に、カワウが集団営巣をしていた。
左：石膏で本物そっくりにつくられたカワウの擬卵。
右：ヒナが生まれないように擬卵を抱かされ、繁殖抑制されているカワウ。

ムササビ、フクロウは住宅難

　原生林のような密度の濃い森林が皆伐されて得をしたのが、ノウサギ、シカ、カモシカといった草食獣たちだ。そのいっぽうで、森林の樹木空間を生活圏としていた動物たちは、大きなダメージを受けたことになる。とりわけ、樹洞をすみかとする動物たちにとって、樹齢の高い樹木の消滅は死活問題である。

　モモンガ、ムササビ、フクロウなどの動物たちは、樹洞で子育てをする。だが、彼らはキツツキなどと違って、自分で巣穴を掘ることはできない。自然現象や他の生きものによってつくり出された穴が、ちょうどよい大きさになった段階で、初めて利用できるようになるのだ。そういう手頃な大きさの樹洞はとても貴重だから、すでにそこに暮らす動物たちに占有されている。したがって、たとえ伐採地から他の森林に移っていったとしても、彼らが利用できる樹洞は見つからないのだ。

　とくに、フクロウが利用する樹洞は、直径50cmほどは必要だ。そのような大きさの穴は、樹齢数百年以上の「大人の」木にしかできない。いま、伐採から約半世紀がたち、木々の樹高は30mをこえ、森は安定期に入った。しかし「樹洞」という観点から見れば、まだまだこれからということになる。数百年、千年と生きる樹木の世界では、50歳なんてほんの子供である。子供から年寄りまでバランスよく存在するのが健全な社会であることを考えれば、すべてを切り倒す皆伐という方法が、いかに問題のあるものかがわかるだろう。

　そんな状況でも、たくましく生きる姿が見られるのが、自然界のおもしろさだ。フクロウは昔から限られた樹洞をめぐって競争してきたから、いざというときの生き方も身についている。地上や岩場に急場しのぎで巣をつくったり、オオタカな

樹洞の巣穴から顔を出すムササビ。ムササビの体長は40cmほどなので、直径10cmほどの入り口があって、内部に25〜35cmくらいの空間がある穴がちょうどいい。しかし、そんな手頃な大きさの樹洞は貴重品だ。

上：リンゴ園の古い木にできた樹洞に、フクロウが巣をつくっていた。親鳥が餌のアカネズミを運んできた。
右：フクロウが巣をつくっていたリンゴの木。この木は樹齢60年ほどで、フクロウは10年ほど前からここで子育てをはじめた。

上：オオタカの古巣に営巣したフクロウ。ワシ・タカの古巣をフクロウが利用することは知られているが、自分の樹洞をもてない新参者が多い。そうした古巣はおよそ3年ほどで落ちるので、また新たな巣を探さなければならない。
左：砂防堰堤の土管の中に、フクロウが巣をつくっていた。
右：土管の直径は約30cm。卵は産んだものの、親鳥が放棄し、ヒナは孵らなかった。厚いコンクリートが抱卵熱を奪って、内部の卵が死んでしまったと思われる。

どの猛禽類の古巣を利用することもある。最近では、コンクリート砂防堰堤の水抜き穴に巣をつくったりもするが、あまり繁殖率はよくないようだ。ムササビやモモンガにしても、周辺の森にすんでいた個体の子孫たちが更新中の森に移ってきて、樹頂や枝先に簡易住宅ともいえる巣をつくったりする。こうして世代をくりかえすうちに樹洞もできてくる。そしてまた元来の生活にもどっていくのだろう。

　樹洞をすみかにする動物たちは、まさに樹木と運命をともにしながら、生き延びてきたのである。

川沿いのケヤキの枝先につくられたムササビの巣。下には空間が広がっているので、巣から直接滑空もできる環境だった。このムササビは居眠り中だったが、ボクの撮影で起こされてしまい、迷惑そう。

上：伐採後、落葉樹のカラマツを植林したことで林床は日当たりがよくなり、クマザサが繁茂した。シカがそのクマザサを一定の高さ以上食い尽くし、いわゆる「ディア・ライン」ができている。クマザサは冬場の貴重な食糧となり、シカの生存率を上げている。
左：山中に落ちていたオスジカの角。
右中：シカによって樹皮を食べられたシナの木。
右下2枚：シカの分布拡大にともない、ヤマビルも運ばれていく。そんな山を少し歩いただけで、この通り。

40年前に無人集落となった場所で採餌中のシカ。

られたことなどで、次第に数を回復していく。そして、1960年代前後の大規模な森林伐採が彼らに広大な餌場をあたえ、ニホンジカは各地で急増していったのである。

加えて、高度経済成長期の大型重機を使った林道開発などは、シカの移動を助ける「バイパス道路」となったし、家畜肉が大量消費されるようになると、山中に大型牧場がつくられ、シカの好む栄養価の高い牧草も植えられた。そこには、家畜の健康管理のためミネラル分を含んだ「鉱塩」が運び込まれ、その成分は家畜の糞尿から排泄された。そこにシカが入り込んで草をはみ、糞尿をなめることで、餌のみならず、健康食品までとりこんでいたのである。

こうしてニホンジカが激増すると、これまで行かなかった日本アルプスの高山帯にまで進出して高山植物を食いつくしたり、低山帯で植林ヒノキの樹皮をはいでしまう被害が続出。さらに、シカの分布拡大とともに体についたヤマビルが落ち、ヒルの分布域まで拡大させている。

ここまでニホンジカが増えてくると、南アルプスのような先進地では飽和状態に陥り、内部崩壊に向かっていく可能性もある。その意味でも、これからの推移は相当注意深く見守っていくことが必要だろう。

クマの遊歩道

　ボクは、1979年に『けもの道』という写真集を出した。中央アルプスの森の「けもの道」に、無人撮影ロボットカメラを設置し続け、そこを通る野生動物たちを撮影した写真集である。撮影に4年ほどの歳月をついやしたが、このときツキノワグマは1頭も撮影されなかった。

　その5年後、1984年に出した『けもの道の四季』という写真集の撮影では、ツキノワグマが1頭だけ写った。カメラを5カ所に3年間にわたって設置しつづけたが、それでもたったの1頭である。撮影地が異なるとはいえ、前の撮影とあわせれば、7年間で1頭ということになる。

　前述のノウサギをはじめ、キツネやタヌキ、サル、カモシカ、テンといった、そこに暮らすほとんどの動物たちが数多く写ったのと比較すると、その少なさは際だっている。当時は、やはりツキノワグマの数がかなり少ないために、写らないのだろうと思っていた。

　その後、中央アルプスでの無人撮影は、あまり変わりばえのしない結果しか出なかったので、しばらく休んでいた。ところが、2000年代に入ったころから、ツキノワグマの痕跡が少しずつ目立ちはじめた。また、全国的にも出没のニュースが増えてきた。いまから考えれば、1980年代半ばから2000年ごろにかけて、森林遷移の影響をうけながら動物地図が大きく変わりはじめていたの

だ。やはり10年単位で本格的に撮影をしなければ、野生動物たちの動きの変化はつかめないと痛感した。

そこで、もう一度昔の現場近くで無人撮影を試みることにした。まず2005年に、『けもの道の四季』の現場近くでひと月あまり撮影をすると、ツキノワグマが10頭も写った。そこで翌2006年から2年間、近くの遊歩道で本格的な撮影を開始した。遊歩道を選んだ理由は、ただの「けもの道」より、人間も利用する道のほうが野生動物の心理もわかっておもしろいと思ったからだ。

結果は、1年で100カットを超えるツキノワグマが撮影され、遊歩道に人以上に現れる、そのお

2006〜2007年、駒ヶ根高原の遊歩道に無人撮影装置を設置。結果の一部を次ページに掲載した。人がふつうに利用している遊歩道に、連日連夜、おびただしい数のツキノワグマが現れていたことがわかる。

2005年に、ひと月あまり定点撮影したさいに写ったツキノワグマ。人里に近い高原にもかかわらず、つぎからつぎへと現れた。

この母グマは、しきりにあたりを気にしていた。子供を手すりで遊ばせながらも、自分はしっかり周囲のチェックを怠らない。そのあたりは、大胆なようでいて、細心の注意を払いながら生活している様子がうかがえる。

びただしい数に驚愕した。これに対し、ノウサギはまったく写らず、中央アルプスの山野の環境が20年で見事に反転したことを物語っていた。

　つまり、1960〜1970年代にかけての大規模な森林伐採で、ノウサギに好都合な環境が一時的に出現したが、落葉樹のカラマツが植林されたことで、林床にはさまざまな樹種が繁茂してきた。その後、林業の衰退により、植林地のほとんどが下生えも刈られずに放置されたため、数十年かかって実をつける木々が成長し、こんどは森を立体的に利用するクマやサルなどの動物がすみやすい環境に変化していたのである。そのような環境変化で、クマは人知れず数を増やしていたのだ。

　この遊歩道の撮影を終えてからも、付近の別の場所にカメラを設置しているが、あいかわらず相当な数のクマが写り続けている。2006年当時は「衝撃」と映ったこの事実も、もはや日本の山野では当たり前の光景として認識した方がいい。ツキノワグマと人との距離はますます縮まっている。山野を歩く人はそれ相当の覚悟と備えが必要だろう。

護身用の鉈、山鋏と唐辛子スプレー。

外来動物、勢力拡大中
―― 日本の自然に溶け込む

　生息環境の変化とともに、日本の動物地図に大きな影響をあたえているのが、外国から移入されて野生化した「外来動物」だ。近年では、駆除という観点から積極的に捕獲を試みているが、一部の動物愛護団体では、「人の都合で移入した動物たちを殺すのは人間のエゴである」といって、駆除に反対している。たしかに、外来動物が野生化した原因は人間にある。毛皮や食糧に利用するために養殖したものが逃げた、ペットや見せ物として輸入したものが逃げた、あるいは飼いきれなくなって放された、などなど。

　こうした外来種は、高度経済成長期以降、海外との物流が増えるにしたがい、数を増していった。しかし、この問題は単に国際化社会がもたらした現象というより、むしろその根底には、安易に海外の動物を利用し、足元の動物たちとまともに向き合ってこなかったわれわれ日本人の姿勢が見て取れる。そしてその発端に、間違った「保護」の意識があったという側面も、見逃してはならないだろう。

　戦後日本の野鳥飼育の歴史を例にとってみよう。明治期以降の乱獲で、飼育できる野鳥の種類は少なくなっていたものの、昭和の中ごろには、まだまだ何種類もの野鳥飼育が認められていた。しかしその後、愛鳥団体などが野鳥保護の観点から、「和鳥（日本の鳥）は飼わずに、ブンチョウやインコなどの洋鳥を飼いましょう」というキャンペーンを張った。要するに、自国の鳥を捕獲するのはよくないが、外国から買うのならよい、ということだ。そんなよくわからない理屈がまかり通り、その後国内の野鳥の捕獲は原則禁止された。以後「洋鳥」をどんどん輸入して販売ルートに乗せ、はや半世紀がたつ。こうして安易に「外国産を買えばよい」という意識は他の動物にまで蔓延し、現在に至っている。

　しかし、その「保護」が結果として移入種を増大させ、かえって在来種を苦しめている。そんな結果を招くのなら、むしろ捕獲や飼育をある程度認め、それらの経験から日本の自然の仕組みを理解させるという、もっと大きな視点からの保護政策が必要ではなかったか。ともあれ、外来動物を安易に利用してきたツケが、いま回ってきている。日本各地にすみつき、勢力拡大中の彼らの姿を追ってみよう。

2章

東京工業大学キャンパス内のイチョウの木に、集団でねぐらをとるワカケホンセイインコ。インド・スリランカ原産のこの鳥は、かつてペットとして輸入されたものが逃げ出し、東京都内で野生化した。

空飛ぶハクビシン

　漢字で「白鼻芯」と書くハクビシンは、文字通り鼻先が白い不思議な動物である。木登りが得意で、電線の上なども楽々と伝っていく姿は、さながら軽業師のようだ。

　近年、ハクビシンによる農業被害が多発している。とくに果樹に被害が集中しているのは、ハクビシンは木登りが巧みなためである。ハクビシンの後ろ足の裏には皮膚が角質化したスパイクのようなものが生えていて、垂直な樹木でも難なく登れてしまうのだ。しかも、長い尾が第五の足となり、枝に巻き付けてぶら下がることもできるという身軽さだ。このような空間利用能力が、分布を急速に拡大できる要因ではないかと思われる。

　そこで、ハクビシンはどのくらい登はん能力があるのか、実験をしてみた。2mの高さの工事用の鉄パイプを垂直に立て、その上にリンゴの入った籠を置いた。案の定、ハクビシンは鉄パイプを難なく上り下りした。

　では、グリスを塗って滑りやすくしたらどうだろうかと実験してみると、一回で懲りたらしく、その後鉄パイプを登らなくなった。ところがこんどは、なんと2.5mほど離れた切り株からジャンプして、籠に飛び移ってきたのだ。いやはや、その執念天晴れ、である。

　このような実験から、ハクビシンを捕獲するなら、空中に檻を仕掛ければ、キツネやタヌキなど他の動物の混獲がなく、効率的にできるのではないかと思う。

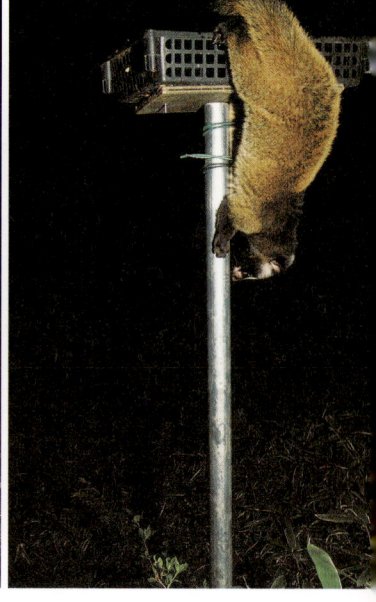

垂直のポールでも難なく上り下りするハクビシン。

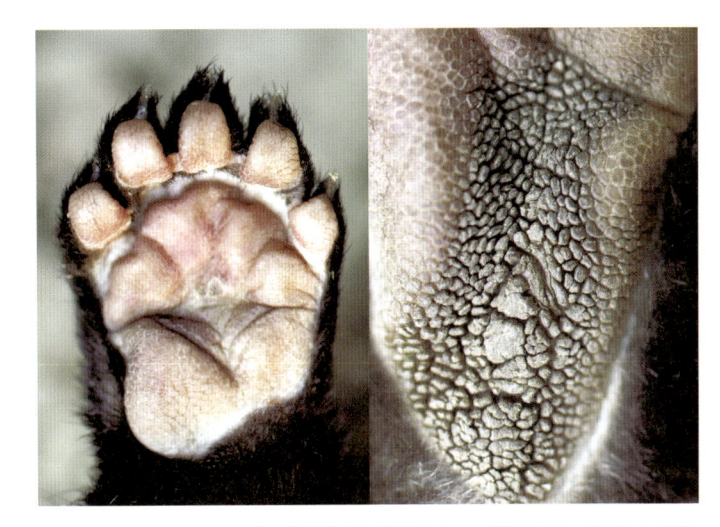

上：切り株から見事なジャンプを見せるハクビシンの雄。
よく見ると、股間に小さくペニスが写っている。
下：ハクビシンの前足（左）と後ろ足（右）の裏のアップ。
後ろ足の裏は皮膚が角質化し、スパイク状になっている。

41

いまやすっかり害獣となったこのハクビシン、日本には古くから生息していたという説と、明治時代に毛皮用として東南アジアなどから持ち込まれたという説がある。だが、移入時期が特定できないという理由で、国の「特定外来生物」には指定されていない。

　国内で野生化したハクビシンは、1945年、静岡県で初めて確認されたという。その後、天竜川沿いに分布を拡大し、1960年代前半には長野県南部の伊那谷地域で捕獲されている。以来、長野県の南信地方で分布を広げていたが、当時はまだ「珍獣」という意識が強く、長野県は1975年にハクビシンを天然記念物に指定した（1995年に解除）。

　当時、ボクは県の審議委員長に「あの動物は爆発的に増えて農業被害も出てくるから、天然記念物にすべきではない」と進言したのだが、そのときの返事は「珍しいし、可愛いから決めたのだ」というものだった。

　そのハクビシンがボクの危惧通り、長野県全域に分布を拡大するまでに30年とかからなかった。長野県ではトウモロコシ、カキ、ブドウ、ナシ、モモ、リンゴなどの農作物に、顕著な被害が出るようになった。そして現在では、新潟県に北上し、東北地方にまで快進撃中だ。さらに、静岡方面からは神奈川や東京都内のビル街にまで進出し、都市型ハクビシンも急増中なのである。

左上：トウモロコシのまわりを柵で囲んでいたが、このような柵は、ハクビシンにはまったく効果がない。
左下：トウモロコシにビニール紐を垂らして警戒させようという意図だが、効果は期待できないだろう。
右：ナシの木に、ガムテープの吸着面を表側にしてグルグル巻きしたハクビシン対策。苦肉の策だが、効果があるという。ハクビシンは足の裏にベタベタしたものがつくのを嫌うようだ。

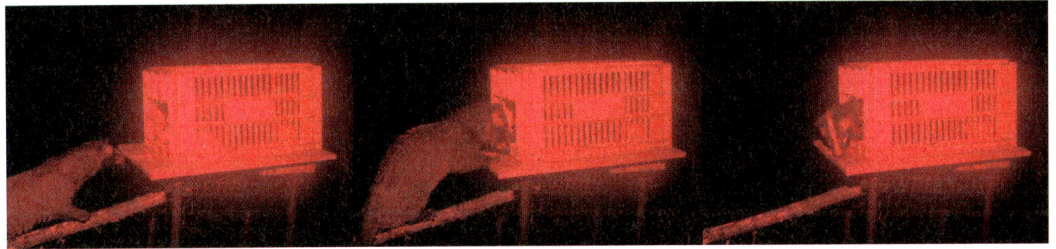

上：斜めのポールでも楽々上れるハクビシン。
下：赤外線カメラで撮影すれば、動物たちのほとんど警戒していない行動が観察できる。

沖縄本島で野生化しているマングース。

マングースに土日はない

　奄美・沖縄地方には猛毒のハブがいる。この毒蛇による咬傷事故で、昔から多くの人が命を落としたり、重篤な後遺症に苦しんできた歴史がある。そこで沖縄県では、1910年にハブ退治のため、インドからマングースを移入して放すことに決めた。

　しかし、その後ハブを減らす効果が見られないまま、マングースは沖縄本島の南部を中心に爆発的に増えていった。やがて中部地方にも多数出没するようになり、北部のヤンバル方面にまで進出することとなった。ヤンバルの森には、世界でここにしか生息していない希少種のヤンバルクイナがいる。しかし、マングースに直接ないしは間接的に脅かされることが懸念されている。事実、中部域では、ホントウアカヒゲという希少種の野鳥が被害に遭い、どんどん姿を消して生息域が狭まっているのだ。

　そんなマングースの実態が知りたくて、名護市郊外の森へ出かけた。マングースはときどき林道に現れては短い足でちょろちょろ歩きながら、シダの茂みへまるでヘビのようにズズー、ズズーと潜り込んでいく。ときにはボクの車から2mのところまでやってくるが、まったく警戒しない。何

左上：沖縄北部に広がるヤンバルの森。イタジイなどからなる照葉樹林がどこまでも続く。
左下：マングース用の捕獲トラップ。しかし、休日には扉が閉まっていた。
右：沖縄の固有種ヤンバルクイナ。マングースの進出によって、生息環境が脅かされている。

とも度胸のいい動物だと感心した。その後、同じ場所で3日間観察してみたが、マングースは朝から夕方まで、林道に出現しては藪の中に消えていくといったパターンを繰り返していた。

現地では、マングースの捕獲作戦も行われていた。マングース用の捕獲トラップが広範囲に設置されているのだが、人員不足で人が見回れないせいで、土曜日や日曜日には、捕獲トラップの扉を閉めているところが多かった。しかしマングースには土日もないのだから、このような人間社会の都合に合わせた対処では甘すぎるのではないかと思った。

ボクが現場で思いついたのは、もっと積極的な「餌づけ」をやってマングースだけをおびき寄せる捕獲基地を作ることである。入り口を細いトンネル状にするなどカラスが入れない工夫をして、中部の名護市付近から北部にかけて、森林地帯を東西に横断するように設置していけば、効果的な駆除が可能だと感じた。とにかく、中部域にはおびただしい数のマングースが生息しているのだから、早く本腰を入れた対応をしなければ、取り返しのつかないことになるだろう。

タイワンリス、東へ西へ

　タイワンリスは、その名前の通り台湾の山野に生息している野生のリスである。ニホンリスより若干大きく、毛色も灰色がかっているのが特徴だ。

　このタイワンリスが、鎌倉市周辺に大量に野生化している。鎌倉で野生化した経緯は、1951年に江ノ島の観光施設で客寄せ用に飼育していたものが逃げ出し、それらが鎌倉市内に定住したと考えられている。

　もうかなり前から、鎌倉の大仏の境内ではふつうに出会うことができるし、鶴岡八幡宮では大銀杏の近くにある柵の上を飛び跳ねて、観光客に愛嬌を振りまいている。ボクがカメラを向けたときも、レンズの手前30cmまで顔を近づけてきたのには、たまげてしまった。こういう仕草が観光客に受けているのだろうが、史跡にいる外来動物をただ「かわいい」という理由で受け入れてしまっている日本人の姿が、ボクには不思議でならなかった。

　タイワンリスはこうして新天地で排除されることなく、むしろ歓迎されているふしがあるから、どんどんのさばっていくのだろう。現在では、伊豆半島にまで分布を広げているほか、東京の青梅市付近や浜松市内、岐阜城付近でも野生化しており、関東から東海の太平洋側一帯に広がる恐れがある。在来種のニホンリスがより山奥に追われるなど、影響が心配だ。

鎌倉・鶴岡八幡宮の柵の上で、観光客に愛嬌を振りまくタイワンリス。すっかり人慣れし、カメラを近づけても逃げない。

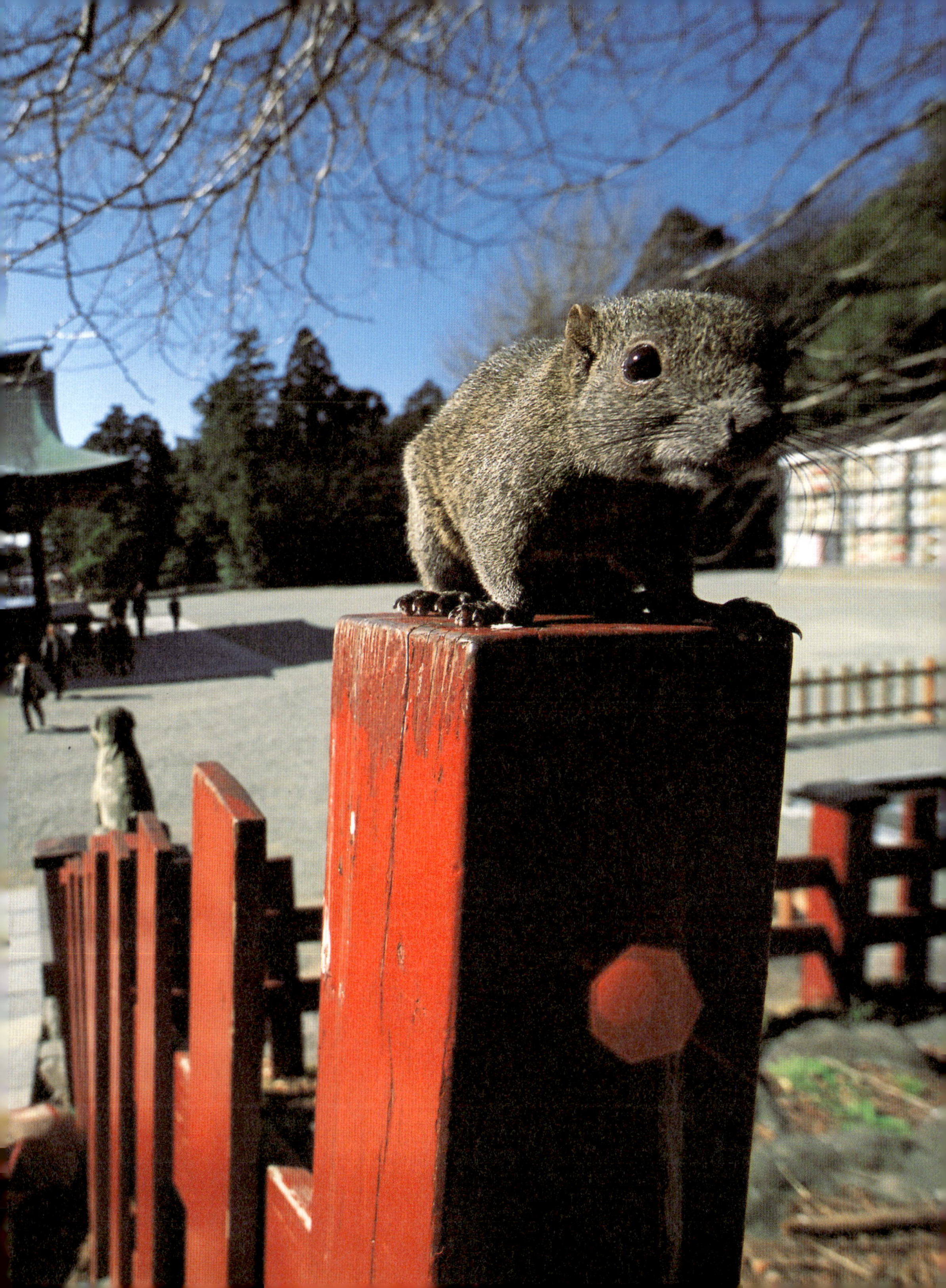

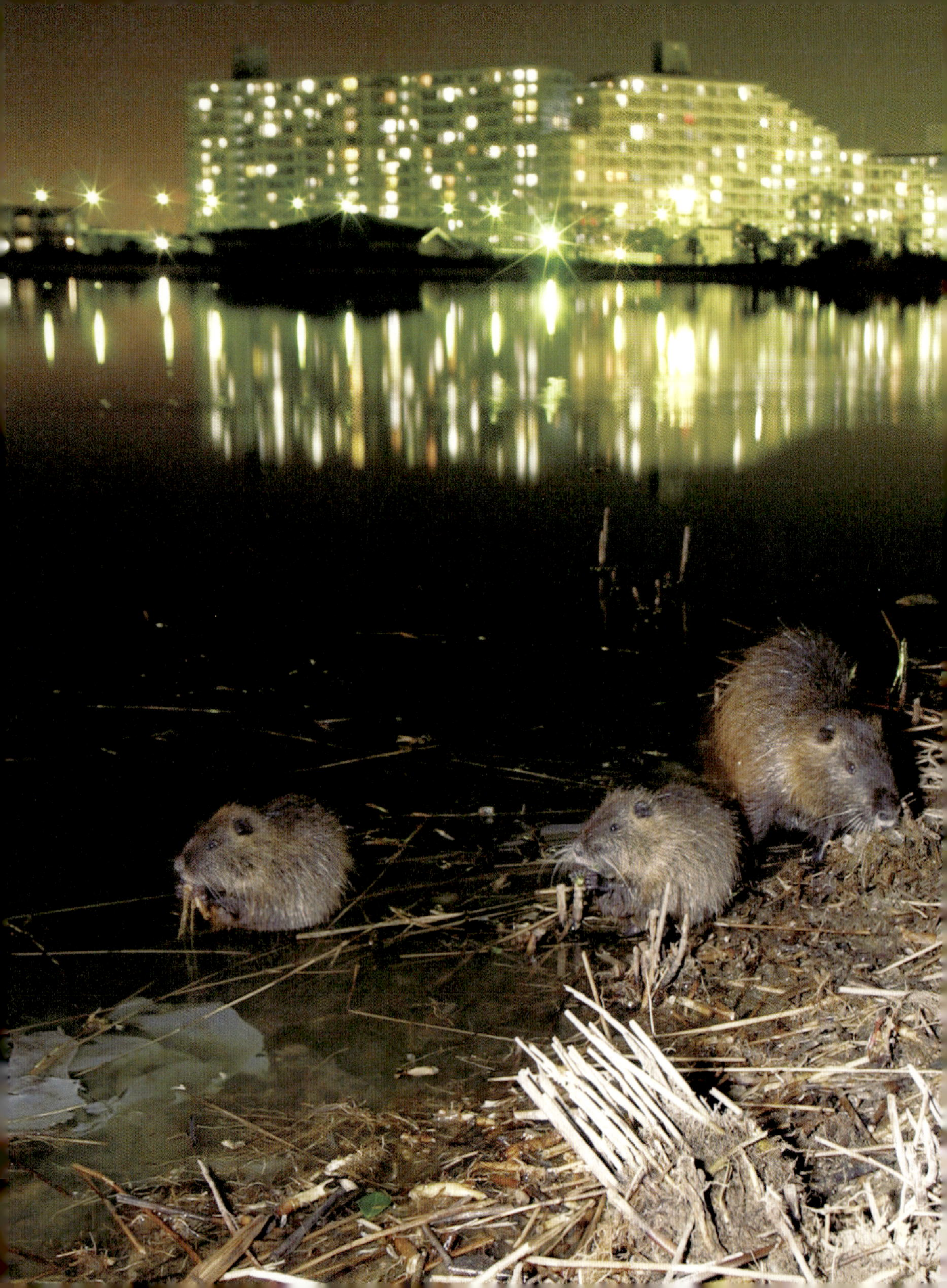

岸辺のヌートリア

　ヌートリアは南米原産のげっ歯類で、大きさはネコくらいあり、尻尾も長くて巨大なドブネズミのような動物である。水辺に好んですみ、泳ぎが得意だ。

　かつて世界中でその毛皮が注目され、養殖されていた。第二次世界大戦中には軍服用の毛皮需要が起こり、日本にも大量に輸入されて、関東以西では4万頭が飼育されていたという。しかし、終戦で需要がなくなり、多くのヌートリアが野外に放たれて野生化し、今日の基礎的な状況がつくられた。1950年代には再び毛皮ブームが起きて大量飼育され、浜松市に「ヌートリア飼育協会」なるものまでできたそうだ。ところが、そのブームもすぐに下火となり、協会もたった1年で解散。こうして、養殖のさかんだった東海地方や近畿地方、中国地方では大変な数が野生化し、いまでは山陰、北陸、新潟方面にまで分布を広げている。

　ボクがヌートリアに初めて出会ったのは、岐阜

左：兵庫県のため池で、夜間にヨシの根をかじるヌートリアの親子。周囲はマンションが建ち並び、国道も走っている人口密集地。
右：水面から半分体を出し、泳ぐヌートリア。

上：ヌートリアは水辺の土手にいくつものトンネルを掘り、巣にしている。円内は、ヌートリアが巣穴から出てきたところ。
右ページ：このヌートリアは、餌をくれる人がいるらしく人慣れしていて、カメラにも近寄ってきた。この鼻を見ると、嗅覚は相当発達しているのだろう。

県の濃尾平野だった。ため池がいたるところにあり、ヌートリアが多数生息していた。水を自在に操り、顔と背中を水面に出してすいすいと泳いでいく。そうかと思うと、不意に水中に潜ってしまう。さながらカワウソかビーバーのようだが、顔の表情や毛並み、スタイルなどをよく見ると、「巨大なドブネズミ」というのがふさわしい。

　このヌートリア、なかなかに警戒心が強く、堤防などに人影があると、物陰に隠れて動かない。そこで、川を見渡せる堤防道路に車を停めて、車内から観察することにした。ヌートリアは、土手にトンネルの巣を掘って、家族生活をしていた。親子で穴から出てきたり、大人同士が出入りしたりする。何頭もの個体がたがいに認識しあって生活している様子はとても興味深かった。そして夜になると、岸辺に生えた植物の茎や根を食べ、さらに人目を避けながら畑に出かけていって、セリやキャベツなどの若い芽を食べてしまう。そのあたりのしたたかさにも感心させられた。

　日本には水辺に陣取って生活する草食動物がいないので、ヌートリアがそうしたニッチにうまく入りこみ、日本の自然にすっかり溶け込んで生活しているのが面白い。まあ、見た目はあまり美しくない動物だが、このようなたくましい生き方は、ボクにとっては魅力的だ。外来動物だからといってただ排除するのではなく、生活の仕方をじっくり観察すれば、それなりに面白さも発見できるし、今後の対策にも役立つと思うのである。

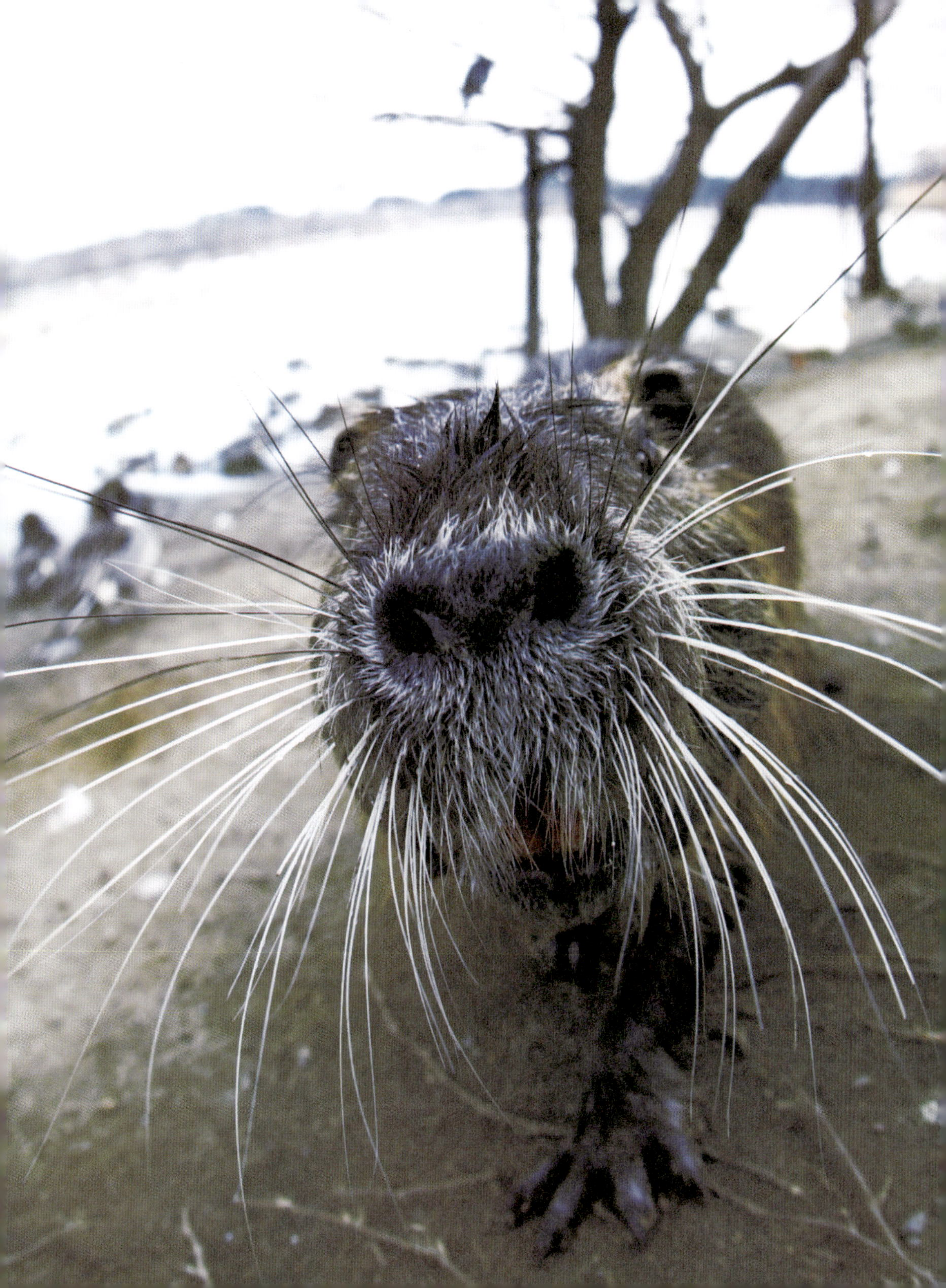

神出鬼没なチョウセンイタチ

　チョウセンイタチはもともと朝鮮半島のほか、ユーラシア大陸北部やヨーロッパ東部、台湾にまで広く分布し、日本では大陸に近い対馬にのみ生息していた。しかし、戦前に養殖用に持ち込まれた個体が逃げ出して本州でも野生化したといわれ、現在では、東海地方から西日本にかけて広く分布している。

　チョウセンイタチは、日本に生息しているニホンイタチより若干体が大きく、尾の割合が長い。体色はニホンイタチより黄色みが強く明るい。そして、人口密集地や海岸線の平地に多く見られるのが特徴だ。いっぽうのニホンイタチは山間部に多く、地域によっては標高2000mといった亜高山帯にまで分布するが、これはチョウセンイタチによって山奥に追いやられた可能性もある。

　イタチ類の習性は、とかく「神出鬼没」。以前、ヌートリアの観察中にチョウセンイタチが現れたことがある。チョウセンイタチは野鳥のケリの死骸を運んでいて、ヌートリアのつくった「けもの道」を利用し、藪の中に消えた。そこで、ヌートリアの「けもの道」に無人撮影カメラを設置してみると、チョウセンイタチも何回か撮影された。

　データを分析すると、10日に1回ほどしか写らず、チョウセンイタチが毎日コースを変えるほど用心深いことがわかった。こうした習性はニホンイタチと同じだ。神出鬼没な動物だけに、チョウセンイタチの生態を解明し、対策を立てていくには、かなりの労力が必要だろう。

山間部の川辺に暮らすニホンイタチ。

郊外の川辺に暮らすチョウセンイタチ。

上：川からヌートリアの道を通って、田んぼに向かうチョウセンイタチ。
下：このチョウセンイタチはケリの死骸をくわえ、巣に運ぼうとしていた。

アカミミガメがいっぱい

　アメリカ原産のアカミミガメは、いまでは北海道から沖縄まで、日本全国の河川や池などにふつうに生息している。アカミミガメにはいくつかの亜種がいるが、もっともよく見られるのは、その名の通り、目の後ろに赤い模様があるミシシッピアカミミガメだ。

　子ガメは緑色で可愛いので、ボクが子供のころは「ミドリガメ」といってお祭りや縁日、ペットショップなどで安く大量に売られてきた。そんな子ガメも、すぐに大きくなる。寿命が20〜30年と長いので、飼いきれなくなって野外に放されることが多かった。それらが野生化してどんどん数が増えてしまったのが、今日見られるアカミミガメの姿である。

　そのアカミミガメが、名古屋城のお堀で列をなして甲羅干しをしていた。名古屋城は徳川家康が築城した、400年の歴史をもつ城だ。そんなお堀のアカミミガメを眺めていると、「鎖国」をしていた江戸時代は、日本の生き物たちにとって、つくづくいい時代だったに違いないと思えてくる。鎖国が続いていれば、アカミミガメが日本で野生化することもなく、在来種のイシガメやクサガメは安泰だったろう。江戸の歴史を伝える名古屋城が、いまやすっかり外来種のすみかになっているというのは、何とも皮肉な話である。

名古屋城のお堀で甲羅干しをするアカミミガメ。アカミミガメは人の動きには敏感に反応して隠れるが、カメラのシャッター音は気にしなかった。「赤い耳」は、音には寛容なようだ。

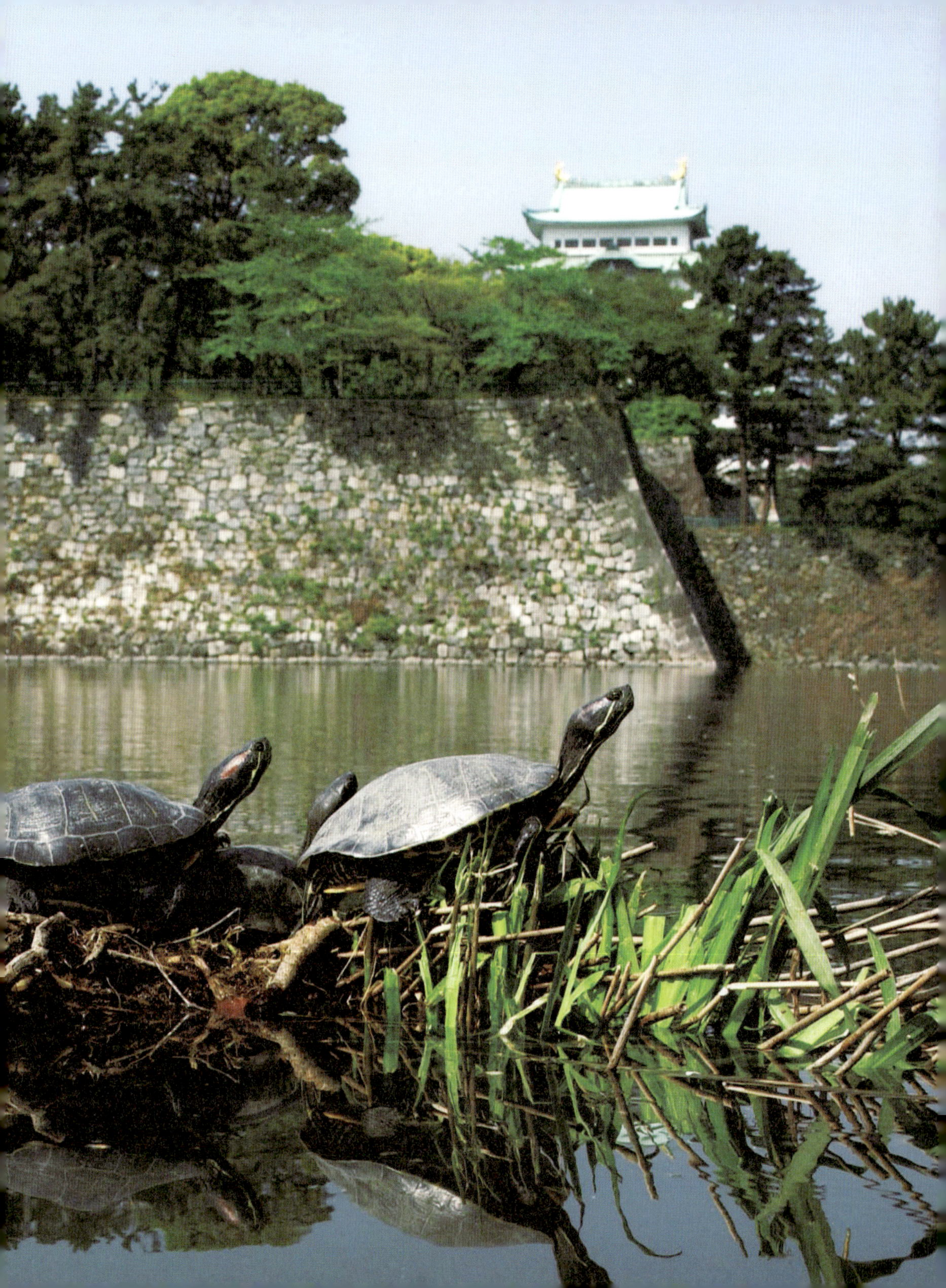

ラスカルの行方

　ここ30年ほどの間に、アライグマが日本各地で野生化し、問題を起こしている。アライグマはご存じの通り、北米原産の野生動物である。

　1960年代、愛知県にある動物園から脱走したのが野生化のはじまりとされている。その後、1970年代にテレビアニメ「あらいぐまラスカル」が放送されると、アライグマ人気が爆発的に高まり、ペットとして多くの個体が輸入されるようになった。

　しかし、アライグマは成獣になるにしたがい気性が荒くなり、飼いきれなくなって野外に放されたり、飼育檻から逃げたりして、全国各地で野生化した。アライグマはハクビシンと同じように木登りも得意なので、地上から天井裏まで立体的に利用しながら、勢力を伸ばしていったのである。

　こうして地方の山野から都市部にまで広く深く潜行したアライグマは、ミカンやメロン、イチゴ、トウモロコシなどの農作物や養魚場の魚を食い荒らし、民家の天井裏に侵入して糞尿被害をあたえ、電気配線コードをかじってショートさせる事故まで起こすようになった。東京都心でも、夜な夜な繁華街に出没して生ゴミをあさるアライグマもおり、現代人の無関心も手伝って、今後ますます勢力を拡大していくだろう。

　「あらいぐまラスカル」は、人と野生動物の共存の難しさを扱った作品のようだが、残念ながらそのテーマは理解されず、ラスカル（いたずら小僧）たちはつぎつぎと日本の野に放たれた。そして今日も各地で、夜の町をさまよい歩いているのである。

人里離れた山野で暮らしているアライグマ。近くに田畑もなく、自然食で生活しているようだが、在来種への影響が懸念される。

上：深夜3時、東京・新宿の繁華街に現れた。さっそく飲食店から出た生ゴミをあさる。
下：ビルとビルのすきまを通り抜けていくアライグマ。通行人が無関心なのをいいことに、大胆に行動している。

キョンが攻めてくる！

　キョンという小型のシカがいる。台湾や中国南部の原産で、体高50〜60cmとキツネを少し大きくしたぐらいのシカである。台湾ではキョンと呼ばれており、日本でもそのままキョンという名になった。かわいらしく飼育しやすいので、全国の動物園などで飼育されている。

　そのキョンが、千葉県の房総半島で大量に野生化している。その数、じつに1万5000頭におよぶのではないかと推定されている。なぜそんなことになってしまったのかというと、かつて勝浦市にあった観光施設から1980年代に逃げ出したのが発端らしい。ここでは、園内から裏山まで自由にキョンが行き来できるように半野生状態で飼育していた。この時点で、すでにキョンが周辺の林に逃げ出していた可能性もある。

　キョンはシカのなかでもとくに繁殖力の強い動物だ。一年中繁殖が可能で、出産するとすぐに発情できる。逃げ出したキョンたちはその繁殖力を武器に、奥山まで十数kmにわたって分布を拡大していったのである。さらに今日では、勝浦市から遠く離れた君津市あたりでも生息が確認されており、今後は房総半島のほぼ全域にわたって分布域を広げていくものと思われる。

　ボクも以前から房総半島のキョンのことは気になっていたので、2008年に実際に出向いて観察してみた。房総の照葉樹林帯を歩くと、いたるところにキョン特有の小豆くらいの真っ黒な糞が落ちていて、これは相当な数が生息していると直感した。また、キョンは「ホエジカ」の仲間で、かわいらしい姿に似合わず、とても大きな吠えるよ

左：房総半島の照葉樹林帯。なだらかだが、深い森が続く。
右上：泥地についたキョンの足跡。
右下：あちこちに落ちていたキョンの糞。一粒の直径は5mmほどと小さい。

海岸沿いの「けもの道」を歩いていくキョンの雄（上）と雌（下）。雄には独特の形をした角が生えている。

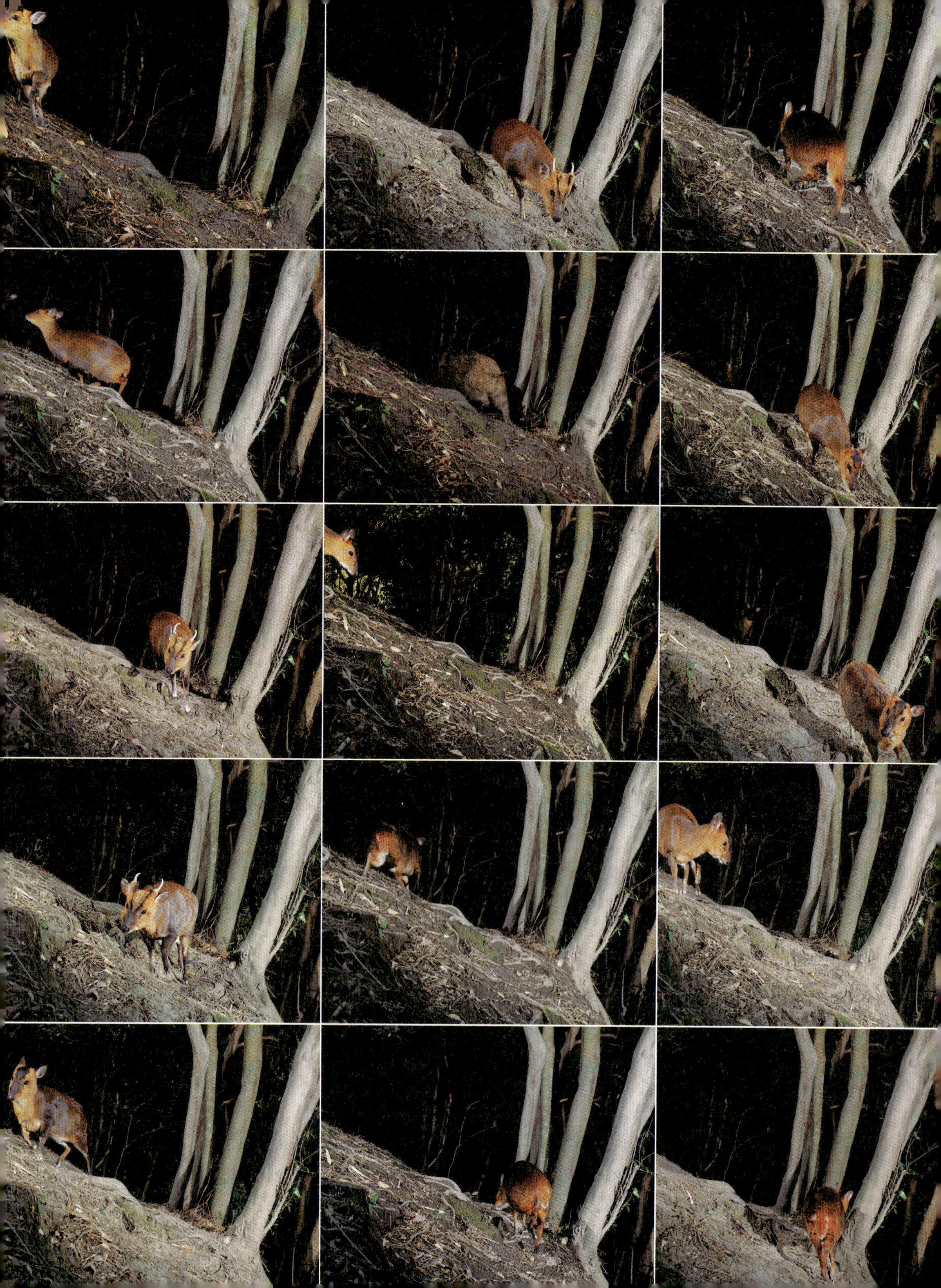

左・上：房総半島でわずか1週間の間に撮影されたキョン。この「けもの道」で撮影された動物の9割以上がキョンで、ほとんど「キョン道」とも呼べる道だった。ニホンジカにくらべて警戒心が弱く、カメラをほとんど気にしていない。

うな声で啼く。この声を実際に林内で聞いたが、姿は見えないのに猛獣のような吠え声がして、慣れるまでは鳥肌が立つほどおそろしかった。キョンは本来の生息地である密林地帯で、声を使って危険などを知らせ合うコミュニケーションを発達させてきたことがうかがえる。

ひと通りの観察を終え、キョンの通りそうな「けもの道」を、尾根、山腹、谷筋の3カ所で特定し、無人撮影ロボットカメラを2カ月ほど設置してみた。すると、どのカメラにもおびただしい数のキョンが撮影され、想像を絶する現実に、思わず背筋が凍った。

房総半島ではニホンジカも増えており、今後はキョンとともに農作物への食害も確実に増えていくだろう。そしてもし、増えすぎたキョンたちが北へ進出し、何らかの形で利根川を突破するようなことがあれば、将来的には北関東から東北地方にまで分布を広げる可能性もないとはいえない。

さらに、これは未確認情報であるが、南アルプスの大井川上流部にもキョンが生息しているとの噂がある。南アルプスに、房総半島とはまた別の場所から逃げ出したキョンが野生化していることも十分に考えられる。南アルプスではすでにニホンジカが増えすぎて、人里から高山帯にいたるまで甚大な被害が出ている。あまつさえキョンが野生化していたとしたら……、もはやわれわれ人間には手の施しようがなくなるだろう。

現代の山の幸
——「餌づけ」って何？

「餌づけ」と聞いて、どんな行為を思い浮かべるだろうか。

ハクチョウやカモなどの野鳥にパンくずをやる、野生のサルやタヌキ、あるいは野良ネコなどに菓子やペットフードをあたえる。こうした行為は、まぎれもなく「餌づけ」と認識され、一般に「いけないこと」だとされている。

では、売れ残った果実などの大量廃棄、生ゴミの野外放置はどうか。もっと進めて、魚の養殖や田んぼでの米の作付け、畑での野菜づくりはどうか。こうした行為まで動物への「餌づけ」だといえば、多くの人が抵抗を感じるに違いない。

しかし、両者の違いはただひとつ、餌をやるのが意識的か無意識か、だけである。それは単に人間側の区別にすぎず、餌を受ける側、つまり動物たちからすれば、それらがすべて餌になることに何の違いもない。いや、むしろ後者の「餌づけ」の方がはるかに大規模に行われており、よほどありがたい「餌づけ」ということになる。

現代人は大きな勘違いをしているように思えてならない。それは、自分の所有する土地は自分だけのもの、という思い込みである。土地所有はあくまで、人間同士の取り決めに過ぎない。自然界にはさまざまな生物が生息しているのだから、食べ物があればそれを取りにくるのは当たり前の話である。

いつから日本人は、人間社会を自然と切り離して考えるようになったのだろう。先人たちは、田畑が動物たちの餌場であることを、つまり人間が土地を独占などできないことを、十分すぎるほど理解していた。だからこそ、収穫期には小屋で寝ずの番をしたり、猪鹿追いをしたり、猪垣をつくったりと、さまざまな対策を日常的に講じていたのである。

現代の獣害問題を考えたとき、いちばん欠けているのは、私たちが自然に囲まれて生活しているという、この当たり前の共通認識ではないか。動物たちの視線で見てみれば、現代社会は農業、漁業、林業といった第一次産業のみならず、流通、サービス業などの第三次産業にいたるまで、さまざまな餌場を提供していることに気づく。この章では、現代の山や里が、動物たちにどのような「餌」を提供しているのか、見ていくことにしたい。

3章

パンくずに群がるハクチョウやオナガガモ（上）と、ソバ畑の落ち穂を拾いにやってくるドバト（下）。上が意識的「餌づけ」で、下が無意識の「餌づけ」だが、動物から見たら何が違うのだろうか？

田畑に集う動物たち

　東北の仙台平野に、マガンを観察に出かけた。マガンは、ロシアの北極圏に近い地方で繁殖し、秋になると数万羽の大群で日本に渡ってくる。そしてここで越冬し、春になるとふたたび繁殖地へと旅立っていく。

　仙台平野に渡ってくるのは、広大な田んぼの「落ち穂」が餌になっているからだ。秋に稲が実り、収穫を終えるころ、ちょうどマガンが渡ってくる。収穫時にコンバインを使うから落ち穂がたくさん出るし、次年度の肥料として稲わらを細かく砕いて撒くので、その中にはシイナ（実がほとんどない籾）も混じっている。このように日本の稲作は、遠くロシアに故郷をもつマガンたちに、貴重な越冬食糧をあたえているのだ。

　同じような光景は、日本各地で見られる。福島県の猪苗代湖周辺では、ハクチョウたちが田んぼに降りて落ち穂拾いをしているし、九州の出水平野には、北国で繁殖したナベヅルたちが、広大な水田地帯に1万羽以上で越冬にやってくる。

　さらに真冬に沖縄へ行けば、水田はシギやチドリたちの貴重な餌場になっている。シギやチドリたちもマガンと同じように、北国で繁殖活動をするものが多い。沖縄の水田は1月ごろから米づくりの準備がはじまるから、泥中にいるミミズや土壌生物を補食するシギやチドリにとっては、うれしい餌場となるのだ。

　また、「二番穂」を頼りにしている野鳥たちもいる。稲の切り株から自然に発芽してきたひこばえ

奈良県・斑鳩の里の田んぼに、
巣立ったばかりのカラスが餌を探しにきた。

左上：上は湿田のまわりでさかんに餌を探すアオアシシギ。下は沖縄の湿田で、餌探しに余念がないセイタカシギ。
右上：出水平野の広大な田んぼに群れるナベヅルたち。
左中：宮城県の銘柄米「ササニシキ」の田んぼに群れるマガン。
右中：吹雪の中、「二番穂」を求めて田んぼに舞うスズメの群れ。
下：猪苗代湖の近くの田んぼで、ハクチョウたちが落ち穂拾い。

田んぼに侵入したイノシシの跡。円内は、「泥あび」した跡。

田んぼのあぜ道を徘徊するキツネ（左）とタヌキ（右）。

収穫を終えたソバ畑にニホンザルの群れがやってきて、のんびりと落ち穂を拾っていた。

が成長を続け、晩秋には背丈は短いが、ちゃんと稲穂をつけるからだ。これら二番穂は必ずしも良質な米にはならないが、冬期のスズメやカモたちの餌には充分である。

　田植えがはじまる春は、留鳥の多くが子育てをする時期だ。水を張られた田んぼにはオタマジャクシや豊年エビがたくさん発生するから、カラスのような野鳥には最高な餌場環境となる。

　そして秋、稲穂が実りはじめると、イノシシが田んぼに飛び込んでくる。イノシシは完熟してないジューシーな稲穂が好きらしく、稲穂全体をくわえて歯でこいで食べていく。それも、行儀よく1カ所だけ食べるのならまだしも、あちこちを荒らしていくからたちが悪い。加えて、田んぼの中を転げ回って「泥あび」していくこともあり、こうなると稲はめちゃくちゃに倒されて商品にならなくなってしまう。

　その横のあぜ道を、夜な夜なキツネやタヌキが徘徊していく。田んぼにはカエルやオタマジャクシ、イナゴなどが集まっているからだ。

　このように動物たちから見れば、田んぼは巨大な餌場以外の何ものでもない。そのことをまず、認識しておく必要があるだろう。

捨てられたスイカの山に群れるイノシシの家族

フルーツ天国

　農業現場では、廃棄物も出る。とくに果物では傷ついたものや腐りかけたもの、あるいは形が悪かったりしただけでも、商品価値のない「ゴミ」に成り下がってしまう。

　それらのゴミは、農地の外れや山野に捨てられることが多い。本来なら産業廃棄物になるので、農地内に穴を掘って埋め立てたりしている。ところが、穴が満杯になるまでに数カ月かかることもある。その間、きちんと管理していればよいのだが、そのまま放置してあるところも少なくない。

　とある農村で、ミカンを大量に捨ててある現場に出くわした。ミカンは穴も掘らないで、そのまま放置されていた。わざわざ穴を掘らなくても、野鳥や動物たちが食べて「処理」してくれることを、農家の人たちは知っているからだ。

　たしかに捨てられたミカンは、日を追うごとに少なくなっていく。どうやら動物たちが確実に食べに来ているようだった。どんな動物たちが来ているのか、ボクは大いに興味があったので、農家の許可を得て無人カメラで撮影しながら調べることにした。

　こうして、ミカンのほかにも、スイカ、ナシ、

捨てられたミカンには、さまざまな動物がやって来た。(左上・イノシシ、右上・キツネ、左下・カラス、右下・ヒヨドリ)

モモ、リンゴなどの廃棄現場を無人撮影してみると、季節ごとに、それぞれ嗜好の分かれる動物たちがやってきては、これらの「ゴミ」を餌にしていることがわかった。イノシシの家族はスイカに目がないうえ、冬場はミカンも見逃さない。ミカンにはキツネもやってきて、ついでカラスがついばみ、最後にはヒヨドリの大群がきれいに片付けていった。ニホンザルはリンゴが大好きで、ツキノワグマはナシが大好物。タヌキは、ナシ、リンゴ、モモなどすべての現場に現れた。意外だったのは、ニホンジカがモモを食べに来たことだ。こうした

ことは、無人撮影でしか知り得ない発見だろう。また、収穫しないまま放置してあるリンゴやカキなども多く、野鳥たちの越冬用の食糧になっている。

これらを「餌づけ」といわずして、いったい何を餌づけというのだろう。しかもこういう放棄をしているほとんどの農家が、そのことで動物たちを呼び寄せ、ひいては自分たちの農作物にまで被害をもたらすことに、無自覚なのである。

大量のリンゴ捨て場に現れたサルの親子。サルはおいしいところだけをかじっては捨てていた。

収穫されないまま放棄されているリンゴは、野鳥たちの貴重な冬の食糧。(上・ヒヨドリ、下・メジロ)

上：甘いにおいに誘われて、ナシ捨て場にやって来たツキノワグマ。
下：モモ捨て場にはなんと、ニホンジカが現れた。

意外な餌場

　国内線の定期便に乗って、上空から日本列島を見下ろすと、あまりの緑の多さにおどろかされる。見渡す限り山また山、深々と緑で埋め尽くされている。日本の山は大きく、とてつもなく広く深い。人間の暮らす町の領域なんて、ほんとうにわずかなものだ、と感じる。

　そしてこんどは里から山を眺めれば、低木林から高木林まで、それはそれは緑豊かで重層的な森が、広く深く展開されている。そこでは、野鳥が歌い、昆虫が飛び交い、獣たちがうごめく。「現代の山は荒廃していて、生き物がすめない」などという物言いは、山野の現状を知っていたら決してできないとボクは思う。「荒廃」の代表格とされるスギ・ヒノキ林でさえ、実のなる下生えはそれなりに生えているし、そこをしたたかに利用している動物だって少なくないからだ。

　そういう観点からもう一度見慣れた山野を見ていくと、また別の様相が現れてくる。たとえば、日本の多くの地方都市、つまり里は、周囲を山々

右：街路樹のナナカマドの実をついばむカワラヒワ。
下：夜ごと、街路樹のツバキの花粉をなめにくるハクビシン。

里山の公園に植えられたサクラの木々（左）。花を待ちわびているのは人だけでなく、蜜が好物のヒヨドリも同じ（右上）。そして実がなれば、こんどはツキノワグマがやって来て、枝ごと折って食べていく（右下）。

に囲まれているが、里山周辺に憩いの場として、自然公園をつくることが多い。そこにはたいてい、日本人の好むサクラが植えられる。人はサクラを花見のときぐらいしか利用しないが、花が咲いたあとには「サクランボ」が実る。そのサクランボを食べに野鳥がやってくるし、周辺の山野からテンやハクビシン、さらにはツキノワグマまでも呼び込んでいるのだ。

これに似たことは、街の公園や街路樹にもいえる。ツバキやウメモドキ、ナナカマドなど、実のなる樹木がよく植えられるが、これらの花や種子だって、ハクビシンやリス、冬の野鳥たちの貴重な食糧源になっている。ハクビシンはとくにツバキの花粉が大好きで、夜間に人知れずやってきては花粉をなめていく。こうしてなめれば、花の受粉にもつながるから、秋にはツバキの実が効率よく実る。実った種子はリスも食べるし、ノネズミだって拾って巣穴に隠し、越冬食糧にしている。

私たちはそんなところまで意識して公園づくりをしたり、街路樹を植えたりはしていない。だが、動物目線で見ていけば、これこそ、まさに無意識の「餌づけ」なのである。

長野県美ヶ原高原の牧場では、放牧牛より野生のニホンジカの方が圧倒的に多かった。

　また、経済発展とともに私たち日本人の食生活も肉食中心に変わり、より美味しい「国産牛」を食べるために、山野を開発して牧場をつくってきた。そこでは、栄養価に富んだ牧草を育てている。それを、周辺の山野に暮らすニホンジカが見逃すはずはなく、当然のごとく侵入してくる。おまけに、牧場には家畜になめさせる「鉱塩」が置かれているので、シカたちは塩やミネラル分も補給して、健康管理までされていくのである。こうして良質な栄養を得たシカたちはどんどん増えて、周辺地域にまで勢力を広げていく。これは北海道のエゾシカにも当てはまる現象である。

　あるいは、山の斜面などに施される地滑り防止のための植栽も、シカやカモシカたちの餌になっているのをご存知だろうか。植栽には、クローバーやオーチャードグラスといった草食動物たちの好む栄養価の高い植物も入っているから、彼らは目ざとく見つけて、しっかり餌にしてしまうのだ。このように人間の思惑とはまるで別のところで、「餌」がつくりだされている。

上：北海道宗谷岬の牧場で、エゾシカがのんびりと牧草をはんでいた。
下：崩壊地で砂防用に植栽された植物を、ニホンジカたちがよろこんで食べている。

白昼堂々、お供え物のナシを盗んでいくサル。

　さらには、田舎の墓地なども、しっかり「餌づけ」現場になっていることを忘れてはならない。

　田舎では、家屋に近いところに個人墓地がたくさんある。こうした墓地は樹林に囲まれていたり、農地の脇だったりして、自然が豊かな場所が多い。ということは当然、野生動物たちの生活圏の近くでもあるから、墓地にフルーツや菓子類が供えられれば、それは動物たちにとって、まぎれもない「餌」なのである。

　だからそんな墓地には、昼夜を問わず、動物たちが「墓参り」にやってきていると思っていい。ボクが無人撮影を行った墓地では、サルにツキノワグマ、ハクビシンなどが、代わる代わるやってきては、お供え物を失敬していった。

　こうして動物たちは人間の「餌」を食べることによって、味覚にも慣れていき、人里付近は最高に美味しいものが手に入る場所だと学習していく。山野と人里との境界線はしだいにあいまいになり、動物たちはより人慣れして里周辺にすみつくようになるのである。

上：夜になり、ツキノワグマが現れた。ここにおいしい「餌」があることは、先刻承知済み。
下：負けじとハクビシンも現れ、ナシを失敬。

養蜂家とクマの闘い

　ニホンミツバチの飼育は、いま空前のブームのようだ。一度ミツバチ飼育にはまってしまうと、簡単にはその魅力から抜け出せないらしい。そんな知人がボクのまわりにも何人かいるが、最近ではミツバチの巣がツキノワグマに襲われて困っている、という相談が寄せられる。

　長野県の中央アルプス山麓に暮らす知人は、ニホンミツバチの巣を手づくりの飼育箱に入れ、居間から8mほどのところに設置していた。ある夏の深夜、外でガラスの割れる音がした。ガラスは、ミツバチ箱の天井に雨漏りがしないように挟んであったもの。そのガラスが割れたということは、ミツバチ箱が倒れたということだ。

　彼は音を聞いてとび起きたが、ツキノワグマの仕業かもしれない、という思いが頭をよぎった。そこで懐中電灯で部屋の中から窓越しに外を照らしたところ、ツキノワグマがよっこらよっこらと尻を振りながら、闇に消えていくのを目撃した。このときはじめて、彼はツキノワグマがミツバチを襲いにくることを、「現実」として受けとめたのだった。

　このように、山の近くでミツバチ飼育をしていれば、ツキノワグマは必ずといっていいほどやってくる。それは、ニホンミツバチでもセイヨウミツバチでも同じだ。セイヨウミツバチは蜂蜜もたくさんとれるし、管理がしやすいから、職業とし

養蜂場にクマが侵入した跡。まわりに張られている電気柵が押し倒されている。

上：夜な夜な養蜂場へやってきては、蜂蜜を物色するツキノワグマ。
下：飼育箱が壊され、蜂蜜はきれいに食べられていた。

何度もクマの被害にあっている養蜂家は、鉄パイプで櫓を組み、その上にミツバチ箱をのせて飼育を行っている。高さは2m程度のもの（上）から、3mを超えるもの（下）まで出てきている。これもミツバチ飼育の新しい形といえるが、クマは果敢にパイプを上ろうとしており、この先の展開が注目される。

てやっているところもある。花の受粉用にミツバチを飼っている果樹農家もある。しかし、ツキノワグマにとっては、だれがどのような目的でミツバチを飼おうと、蜂蜜があることには変わりない。だからチャンスさえあれば、どこの養蜂現場でも襲撃するのだ。

そして一度蜂蜜の味を覚えてしまうと、繰り返し出現するようになる。電気柵があっても簡単に突破してしまうし、妨害用にラジオを鳴らしていてもまるで警戒しない。それどころか、人が車の中で見張っていて、クマが来たときにブリキ缶を叩いて警告しても、まったく動じないツキノワグマもいるぐらいである。

こうして、養蜂業者は何をやってもツキノワグマを撃退することができないと悟り、最近では工事用の鉄パイプで櫓を組み、その上に飼育箱を乗せて、ツキノワグマが登ってこられないような工夫をはじめている。もっとも、ツキノワグマは執念で上ろうとするらしく、鉄パイプにクマの足跡が残されていることも多い。いまのところ、この鉄パイプ飼育は成功しているようだが、若くて身軽なツキノワグマが現れれば、いつクリアされるかはわからない。

ところで、ツキノワグマの中には蜂蜜より、ミツバチの幼虫が好きなタイプもいて、蜜は食べずに幼虫だけをごっそり食べていく。どうやら、同じツキノワグマでも個体によって「蜜派」と「幼虫派」に分かれているらしい。

丸木をくりぬいた巣箱でニホンミツバチを飼育していたら、ツキノワグマにひっくり返され、幼虫だけを食べられてしまった。囲み内は、意気消沈している働きバチたち。

行列のできる「泥なめ場」

　ニホンジカは、栄養補給のために塩分などのミネラルが含まれた泥や土を好んでなめる。そのような「泥なめ場」が、南アルプスの山中にある。山肌が崩れて、表土がむき出しになった場所だ。そこの青灰色の粘土層を、シカたちはなめにくる。ボクもなめてみたが、塩味はしない。土を持ち帰り分析機関に出してみると、リンやカルシウムなどのミネラル分が多いことがわかった。

　南アルプスは、いまから2億年前には海底だったが、地殻変動で隆起し、徐々に今日の姿になったといわれている。海の古代生物たちの死骸が大量に地殻に閉じ込められ、やがて地上に隆起して、今日、土砂崩落によって露出してきたのだ。ジュラ紀の地層ともいわれるこの青灰色の土壌には、古代の魚介類や恐竜たちのミネラル分が、大量に蓄積されているのだろう。こうして何億年も昔の生物が、現代の生物の命を支えていることに、輪廻転生の不思議を感じずにはいられない。

　さっそく現場にロボットカメラを2年間設置してみると、やはりニホンジカが行列をつくってやってきていた。雄ジカより雌ジカの方が圧倒的に多かったのは、南アルプスのニホンジカの性比の問題か、あるいは妊娠、子育てにより多くのミネラル分を必要とするからかもしれない。また、ニホンザルもシカほどではないが、泥をなめていることもわかった。

南アルプスにある行列のできる「泥なめ場」。季節を問わず、1年中ニホンジカが訪れる。ときどき、サルもやってくる。

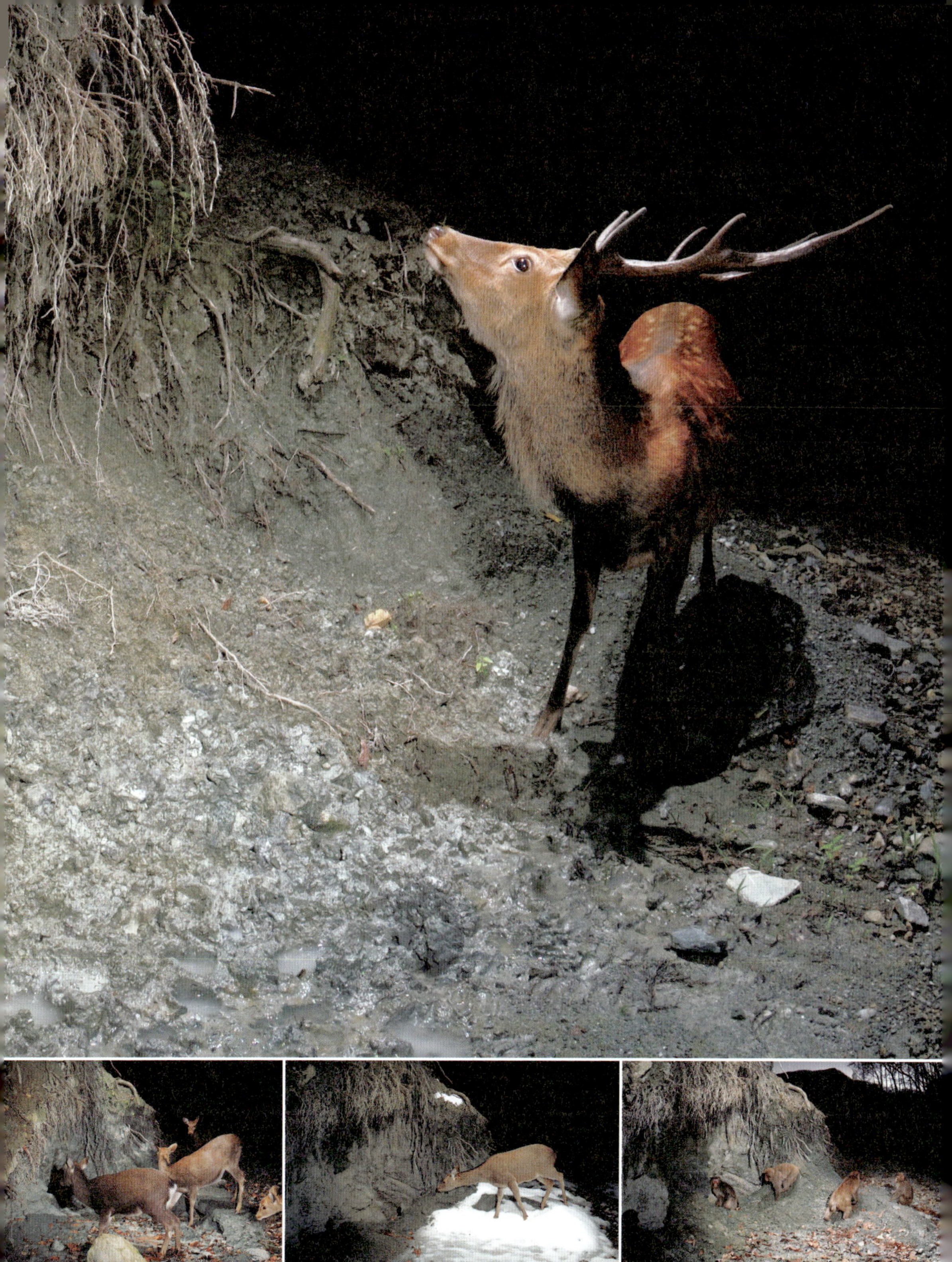
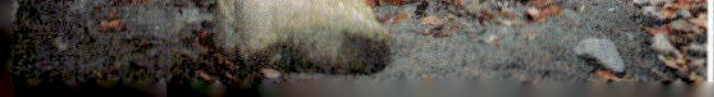
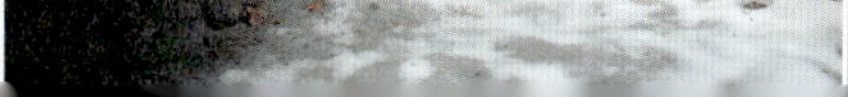
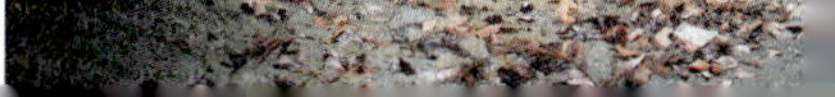

上：長野県の道路脇に設置された「まきえもん」は、凍結防止剤を撒くロボット。気温が下がるとセンサーが働き、塩カルを撒く。
下：橋脚下の河原には、水に溶けた塩カルが高速道路から垂れ流されている。それをなめに、夜な夜なシカがやってくる。

道路の真ん中に出てきて、路上をなめていくサル。イマドキの道路は塩味で美味しい。
円内は、路上に撒かれた塩カルの粒。

　リンやカルシウムとならんで欠かせないミネラルが、塩分だ。獲物の血から塩分を取り込める肉食獣と違い、シカなどの草食獣は、直接塩分を摂取しなければならない。だが、山中で摂取できる場所は少なく、日々苦労している。

　ところが、その難題を人間社会が見事に解決してくれた。冬期に、道路凍結防止剤として塩化カルシウムが大量に撒かれるようになったからである。1970年代に広く使用されたスパイクタイヤは、道路を削るため粉塵問題を引き起こし、1980年代には全国的に規制されていった。それに代わって融雪剤の塩化カルシウムが、いまでは全国の高速道路や一般道、林道の舗装部分などで使用されている。

　散布された融雪剤は、周辺の土壌に浸透して植物に吸収され、その草をシカが食べることで、体内に取り込まれていく。また、高速道路には大量に融雪剤を散布するから、雨が降れば橋脚下に垂れ流され、そうした場所も、ニホンジカやノウサギの「泥なめ場」になっている。このような塩カルがニホンジカのミネラル補給源となり、爆発的増加につながったとボクは見ている。

　この問題は、滑り止めチェーンを面倒がらずに取り付けていけば、かなり解決できることだ。簡単・便利な社会が自然界に思わぬ影響をあたえていることに、早く気づくべきだろう。

クマのサプリメント

　植林されたスギやヒノキの林に行くと、樹皮を無残にはがれた木を見かけることがある。これは「クマはぎ」といって、ツキノワグマが幹のまわりをすべてはいでしまったものだ。被害は4月〜6月ごろに集中し、ほかにもカラマツやモミなどの針葉樹で見られる。

　ツキノワグマが皮をはぐのは、甘い樹液をすするためである。だが、針葉樹にこだわる点から見ると、単に甘味というより、針葉樹のもつ殺菌成分が「薬」の役割を果たし、ドリンク剤のような効果をもたらしているのではなかろうか。それはもしかしたら、寄生虫の駆除などにも、役立っているのかもしれない。

　クマはぎの現場を数多く見ていくと、いくつかの共通点に気づく。まず、被害に遭っている木が、樹齢20〜50年という点。もうひとつは、土壌のいい場所では被害が少なく、土壌が悪く痩せた土地で被害が多い、という点である。これは、木が20年、30年と成長するうちに、より多くの養分が必要となり、条件の悪い木が自分の身を守るために「糖度」を上げて防衛しはじめるからではないか。そのような樹木を、ツキノワグマは感度のいい鼻でかぎ分けて皮をはぎ、樹液を吸うのだろう、とボクは見ている。

　林業者からすれば、憤懣やるかたない話かもしれないが、植林に適した土地以外にも、これだけスギやヒノキばかり密生させれば、わざわざクマの被害を誘発しているようなものだ。つまりは、これも「餌づけ」をしているのと同じ、といえるのである。

左：ヒノキの木の皮をはぐツキノワグマ。
上：「クマはぎ」の跡。春、樹木は水分をさかんに吸収するから、皮をはがしやすくなる。クマは甘皮に門歯を当てて押し上げるように樹液を飲んでいくので、二本の歯型が筋となって残る。

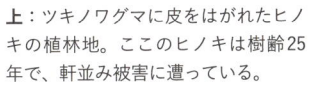

上：ツキノワグマに皮をはがれたヒノキの植林地。ここのヒノキは樹齢25年で、軒並み被害に遭っている。
下：「クマはぎ」防止のため、ビニール紐をぐるぐる巻きにして、「網タイツ」状にされたヒノキ。こうすると皮をはぎにくくなるから、被害も若干はおさまるようだ。

また、近年、松枯れや楢枯れが全国的に広がっている。それらの病原虫を駆除するのに、多くの市町村では枯れた材を燻蒸処理している。その処理のためにビニールで密封していたものを、わざわざツキノワグマがかじって破いた跡を、ボクは何度も目撃している。これは、ツキノワグマが中の虫を食べようとした可能性もあるが、むしろ薫蒸剤の刺激臭に惹きつけられていた可能性が高いように思える。

　というのも、ツキノワグマは揮発性物質やアルコールなどの刺激臭に強く反応するからだ。林業関係者が山で使うチェーンソーのために荷揚げしておいたガソリンとオイルを、ツキノワグマになめられたとか、材木搬出現場で架線に使うグリスをなめられたという話はよく聞く。かなり前の話だが、ツキノワグマがグリスの入ったブリキ缶に頭を突っ込んでなめていたところ、頭が抜けなくなって、缶をかぶったままふらふらと歩き回っていた、なんていう話もある。それだけ、クマにとっては中毒性が強いのだろう。

　ボクも実際、ペンキをぬりたての道標をツキノワグマがかじった跡を目にしている。そこには、クマの歯形と毛がついていた。このような揮発性のある石油製品を、ツキノワグマが積極的に口に入れていることは確かだから、他の薬品類に反応していてもおかしくはない。

　さらに、ツキノワグマはニワトリ小屋や、ニジマスなどの養魚場を襲うことがよくある。家畜類には抗生物質入りの餌を食べさせたりするから、ツキノワグマの体内にも間接的に取り込まれていくはずだ。

　これらの物質は、人間から見ると「毒」のように思えるが、ツキノワグマにとっては、ある種のサプリメントとして働いている可能性がある。人間社会がそのような場を無自覚に提供しているということは、もっと認識されてよいと思う。

左：松枯れの材を燻蒸処理し、ビニール袋で密封してあったものを、クマがかじって引き裂いた跡。
右：ペンキをぬった道標をツキノワグマがかじった跡。

上：夜、ニジマスの養殖場に侵入し、獲物を捕っていくツキノワグマ。
下：食べかけで放置されたニジマスの死骸。

人間なんて怖くない
―― 人慣れした新世代動物

この50年で、日本の夜はものすごく明るくなった。町中や集落周辺だけでなく、道という道に電灯がじわじわと増えていき、人気のない橋の欄干にまで、オレンジ色のナトリウム灯が灯りつづけている。

そんな明かりの下を、タヌキがゆっくりと歩いていく。照明灯に集まるガなどの昆虫を、拾って食べているのだ。煌々とした照明を、タヌキはまるで気にしていない。どんなに明るくても危険がないことを、このタヌキは学習しているからだ。人間社会が提供している人工的な「光」が、タヌキの餌の確保を助け、タヌキもそれを積極的に利用しているのである。

また、夜の山で、停車中にエンジンをかけたまま、ルームランプをつけていたことがあった。そのとき、なんと車の脇50cmのところをキツネが悠然と歩いていったのにはおどろいた。キツネが車のエンジン音をまったく警戒していないことを、このとき知った。彼らは、人間が生物として出す音と人工的な音とを確実に聞き分け、「人工的な音は安全」と認識しているのである。

さらに、道路や橋、ビルなどの巨大建造物も、野生動物たちは安全だと知っている。それは、これらの建造物に巣をつくる野鳥が多いことを見てもわかる。あるときなど、ニホンカモシカの親子が山中の砂防堰堤の上で、2時間以上も昼寝をしていた。カモシカはこの建造物を、完全に生活の中に取り込んでいる。ときどきサルも同じようなことをする。コンクリートは熱がたまり、あったかいのだ。

こうして野生動物たちは、人工物を通じて人間社会ににじりより、人間たちの出方をしたたかに観察している。そして、人間があまりに無防備だと知って、大胆な行動を取りはじめる。最近世間を騒がせている噛みつきザルや殺人イノシシ、人家に乱入するツキノワグマなど、みな然りである。

にもかかわらず、人間社会ではそうして里に現れる野生動物を「自然を追われたかわいそうな動物たち」などと考えている。知らぬは人間ばかり、なのだ。そんなナイーブな感性をあざ笑うかのように、野生動物たちは人間社会との距離をますます縮め、進出の機会をうかがっている。

4章

都市の夜景（上）と、とある山中の林内の夜景（下）。下の林の周辺には自然公園がつくられ、夜まで煌々と照明が灯されるようになった。その光はかなりの範囲にまで届き、異様な明るさが森をおおっている。

傍若無人なサル

　長野県の志賀高原へ行くと、温泉に入る有名なサルがいる。ここのサルたちは、もともと野生だったものが餌づけで慣らされ、今日では観光用に利用されている。

　もう、半世紀も前から人間に慣らされているから、サルたちは観光客を見ても平気だ。観光客の方も、そんなサルたちを見て楽しんでいる。

　大阪府箕面市の観光名所にも、かつて人慣れしたサルがたくさんいた。彼らは建物の上や周辺から人々の動きを観察し、弁当の残りや菓子、ジュースなどを目ざとく見つけては、平らげていく。そんな姿を、やはり人々は面白がっていた。

　しかし、こういうサルたちが、ボクには怖い。どんなに人慣れしているとはいえ、そこは野生のサルだから、目が合うと牙をむいて威嚇してくる。いつ、その牙で襲われるかと思うと、やはり心穏やかではない。

　本来の野生ザルは、一定の距離内には絶対に接近してこない。いっぽう、人慣れしたサルたちは人をなめているから、数メートルの距離まで平気で近づいてくる。だが、そこで牙をむくのは、やはり本能的な危険領域を越えてしまっているからだと思う。つまり人慣れしたサルというのは、非常に不自然で危険な存在といえるのである。

　ボクがフィールドとしている中央アルプスにも、100頭を超えるニホンザルの群れが4群ほどいる。このうち、山麓に出現する群れは、ここ30年ばかりの間にかなり傍若無人になってきたよう

大阪・箕面市の行楽地で、観光客が捨てたゴミをあさるサルたち。弁当、お菓子にジュースと、よりどりみどりだ。

サルが食堂や自販機の上から観光客の行動をうかがい、アイスクリームなどを買えば、すばやく走って奪い取ってしまうこともあった。

上：山間部の道路沿いの電線は、サルたちにとって空中バイパスとなっている。
下：交通量の少ない山岳道路は、サルたちにとっては憩いの広場。寝転んだり、周辺で餌を食べたり。車が来れば、道路脇にちょっとだけ避けてやりすごし、ふたたび路上でたわむれる。

公園脇の木で休んでいたサルを、中学生ぐらいの子供が見つめたら、いきなり牙をむいて威嚇をはじめた。

に見える。道路脇にたむろして、車がそばを通っても逃げない。人を見ても10ｍ以内に接近されなければ平然としている。中には、観光地で餌づけされているサルのように、人に牙をむいたりガンをつけたりするサルも出てくるようになった。これは何も中央アルプスに限ったことではなく、今日では全国的に見られる現象である。静岡県三島市で騒ぎを起こした「嚙みつきザル」も、そのような流れで出てきたのだろう。

　サルたちにここまでさせてしまうのも、すべては人間の無関心が原因だろうとボクは思う。現代人は、まわりの環境に対してあまりに無関心、かつ無防備だからである。かつて日本人は人里で犬を飼い、犬に周囲の危険を察知させていた。サルなどは縄文時代からその犬に追い回されていたから、「犬猿の仲」になっていたのだ。

　ところが数十年前から、犬は放し飼いを禁止され、鎖につながれている。サルはもう犬に追われる心配がないことをちゃんと読み抜いて、近年はとかく傍若無人になってきたわけだ。

　このようなサルたちには、やはり柴犬などの日本犬を数頭放し飼いにしてけしかけ、正しい「野猿」に戻していくことが必要だろう。いまならまだ、それが間に合うからである。

沖縄の西表島では、黒毛和牛がのんびりと餌を食べ、そこにアマサギが集まっていた。和牛はアマサギにとって、餌の昆虫類を追い出してくれる存在なのだろう。

トラクターに群れるアマサギ

　沖縄の農村地帯の田んぼで、トラクターが田起こしをしていた。おじさんが乗ったトラクターは、エンジン音を響かせて、土に回転歯を打ち込みながら進んでいく。田の土は、トラクターの通った幅だけみるみるうちに起こされていく。

　そこに、どこから見ていたのかアマサギたちがつぎつぎに飛来してきて、トラクターの後ろを追いはじめた。アマサギは足早に走りながら、地面をついばんでいく。トラクターのことなど、まったく恐れてない。どんなにエンジン音が大きかろうと、1〜2mの距離まで平気で近づいてくるものもいる。そして、トラクターが方向転換をすれば、アマサギもまた向きを変え、ストーカーのように追いかけていく。

　それもそのはず、アマサギたちは、トラクターが土を起こすと、中からカエルやコオロギのような餌となる生き物が出てくるので、それを夢中で食べていたのだ。いわば、トラクターというありがたい機械が、餌をどんどん掘り出してくれていたわけである。

　アマサギのこのような行動は、東南アジアやアフリカ方面でも見られる。それらの地域では、土を起こしているのはトラクターではなく、水牛だったり、サイやゾウだったりする。そのような大型

トラクターとウシでは、見た目も音もまるで違うのに、アマサギの行動はまったく変わらないのが面白い。
餌を出してくれるなら姿は問わないようだ。

　動物が歩くことで、カエルやイナゴ、バッタなどの餌を追い出してくれるから、アマサギは同じように、まわりに集まってくるのだ。
　ひと昔前までは、日本でもウシやウマが農耕具を引いて、田んぼを耕していた。やはりそのまわりを、アマサギがうろついていた。現在では、そのウシやウマがトラクターに替わったわけだが、変わらないのはアマサギの行動である。
　人間から見れば、動物と機械では大変な違いがあるが、アマサギにとっては、どちらも餌を提供してくれる存在にすぎない。
　それにしても、トラクターには人間が乗っているのだから、ちょっとは警戒してもよさそうなものなのに、アマサギは人間のこともまるで気にしていないのが、これまた面白い。トラクターを運転しているおじさんは危害を加える気がない、というオーラが、アマサギにすっかり伝わっているからだろう。
　このような風景は、田植え前線を迎えると、沖縄から九州、本州へと北上してくるから、日本各地で見ることができる。
　人間を恐れていないアマサギであるが、なんだかちょっとほほえましい光景ではある。

物乞いするキタキツネ

　北海道のキタキツネは、かなり多くの数が広範囲に生息しているから、北海道をちょっと旅するだけでも、どこかで出会うことになる。

　キタキツネには、大きく分けて二つのタイプがいる。ひとつは完全に人慣れしているタイプで、もうひとつはすごく警戒心の強いタイプである。

　まず、人慣れしているタイプのキタキツネは、道路沿いや駐車場などにたむろしていることが多い。道路際でちょろちょろしていれば、やがて車で通る観光客が止まってくれて、何がしかの餌がもらえるからだ。

　こうして、一回でも餌をもらったことのあるキタキツネは、これに味を占めて、つぎから芝居がかった行動をとるものもいる。たとえば、道路脇に神社の狛犬みたいに座り込んで、「餌をめぐんでください」とばかりに、物乞いをはじめるのだ。また、サーカスよろしく駐車場のフェンスの上を器用に歩いて人の気を引くものもいる。

　これが夏の観光シーズンともなれば、いろんな観光客が訪れるから、まさに「物乞い学習塾」といった形になり、人慣れして餌をもらうことに磨きがかかっていく。だが、さすがに冬期は観光客も少ないから、物乞いギツネの中には、自然界で食糧確保をできずに死んでいくものもいる。

　これに対して、人影を見ればさっと身を隠してしまう警戒心の強いキタキツネもいる。このようなキツネは、人間からはいっさい餌をもらわず自力で狩りをして生きているから、本来の野性がにじみ出ているし、同じキツネとは思えないほどの「凄み」も感じる。

左：駐車場で人慣れした野良イヌのようにうろつきながら、観光客が餌をくれるのを待っているキタキツネ。
右：このキツネは、手すりの上を曲芸のように歩いて人の気を引こうとしていた。

「客引きテクニック」は、もうお手のもの。餌をもらえれば、記念撮影だってOK。

　北海道では、道路整備が進んで観光客が増えるにしたがい「物乞いギツネ」も増えていったが、ここ10年、20年の間に、キツネを見ても餌をあたえないモラルをもった観光客も増えてきて、最近ではむしろ数が減ってきたようだ。
　しかし、直接的な餌づけが少なくなったいっぽうで、激増しているエゾシカの死骸や、人間社会が出すゴミなどによる間接的「餌づけ」は、反対に増えているように思われる。

道路脇にちょこんと座り、道行く車にアピールするキタキツネ。

進化するイノシシ

　イノシシは、日本を代表する大型動物である。昔は「山鯨」といわれ、その肉は山間部に暮らす日本人にとって、貴重な動物性蛋白源となっていた。

　長い間、人間にねらわれてきた動物だから、イノシシは非常に警戒心が強い。とにかく鼻が利き、ちょっとした人間の臭いにも敏感に反応するし、罠を仕掛けても鉄の臭いを嗅ぎとって、わざわざ避けて通るイノシシもめずらしくない。

　いまから30年ほど前は、そんな野生のイノシシを撮影するのは至難の業で、ロボットカメラを設置してもすぐに警戒され、なかなか撮影できなかった。ところが、その後イノシシは目に見えて増えてきて、山中には土を豪快に掘り起こして餌を食べた跡が目立ちはじめた。

　イノシシが増えてきた要因としては、里山の放棄によって下生えが増加し、竹林も増殖して食べ物が増えたことが考えられる。また、イノシシはよく道路脇の土を掘り起こしてミミズを食べるが、そこには融雪剤の塩化カルシウムがしみ込んでおり、それが間接的に健康維持につながっている可能性もある。

　とくに近年は、竹林がすさまじい勢いで拡大してきており、ここに生えるタケノコをイノシシがねらうようになった。春のタケノコはボクも大好きだから、よく取りにいく。ところが、出はじめの小さくて美味しいタケノコが、ことごとくイノシシに食べられてしまうのである。

　くやしいので、竹藪にセンサーを仕掛け、イノシシがやってくるとブザーが鳴ってライトがつくように「脅し」をかけてみた。しかし、効果は最初

左：地上に頭を出した美味しそうなタケノコ。このくらいのものがイノシシも大好物で、すぐに掘り起こしてしまう。
右ページ：最近、「けもの道」で撮影されたイノシシ（上）、ノウサギ（左下）、カモシカ（右下）。ノウサギ、カモシカがふつうに写っているのに対して、イノシシだけがロボットカメラに敏感に反応しているのがわかる。

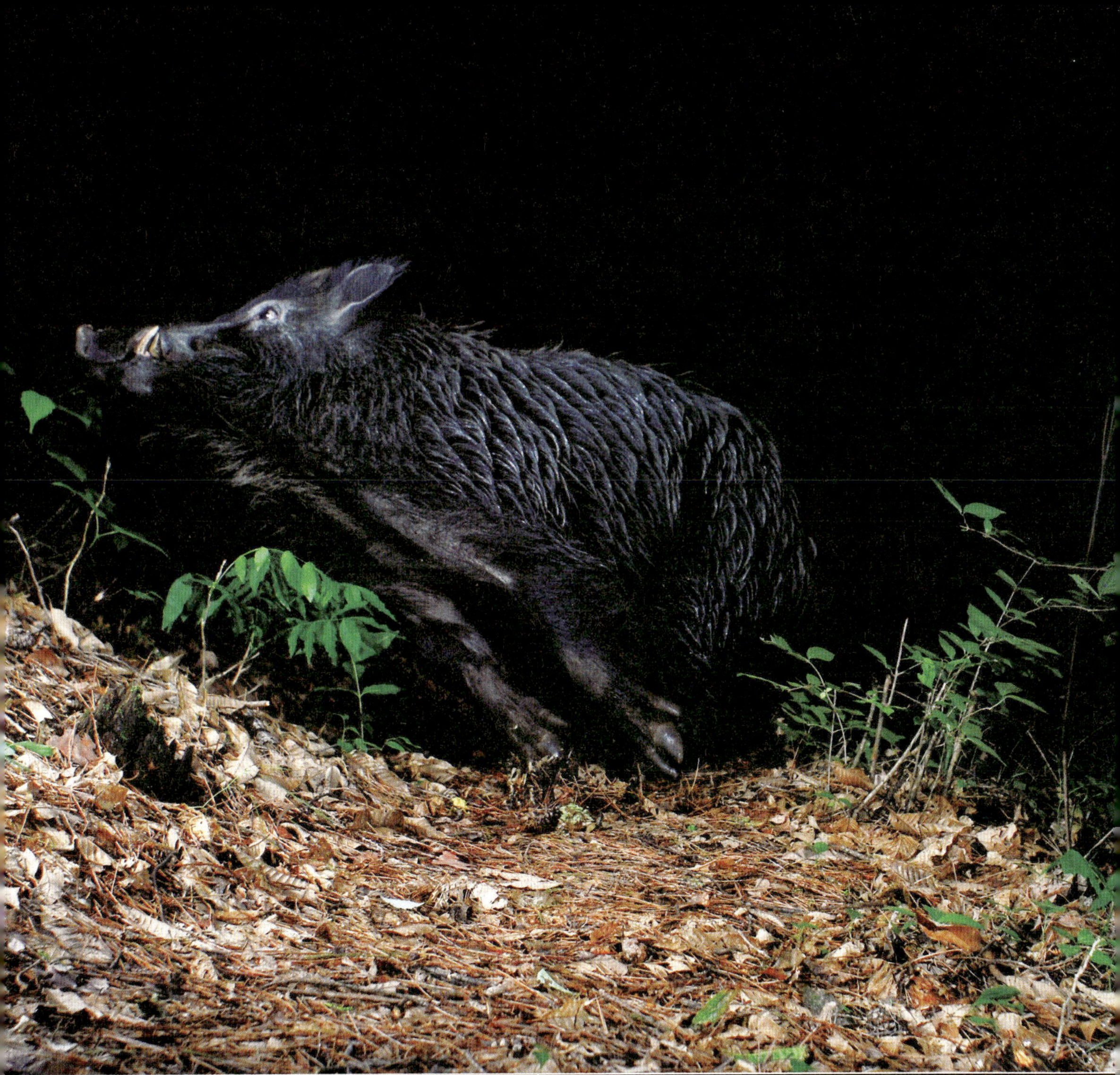
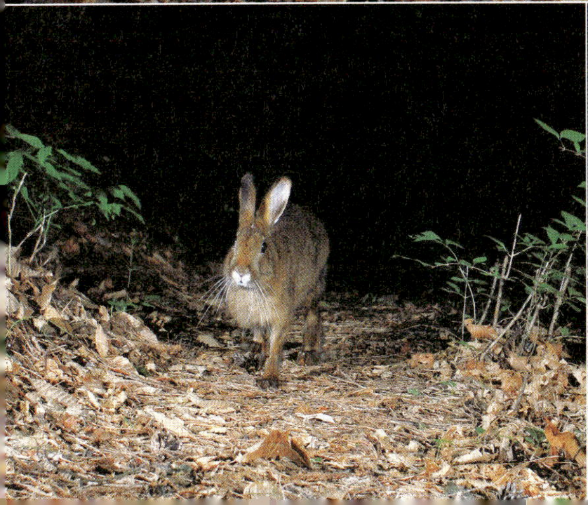
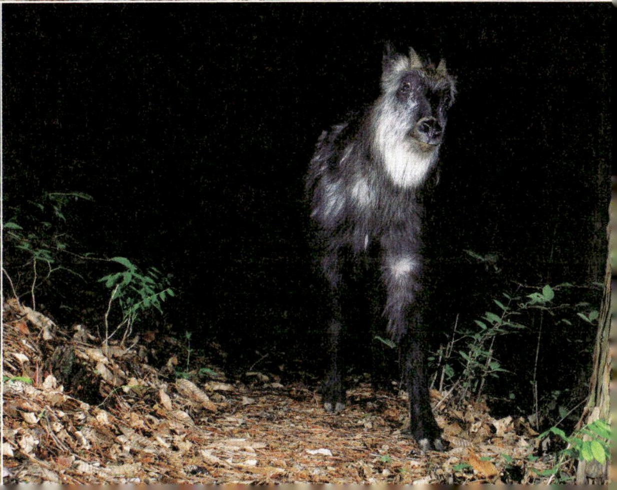

上：イノシシの生皮を竹林に吊るしてみたが、イノシシは仲間の皮を、すべて食べてしまった。
左：昔、「案山子」は、このような人の形をしたものだけでなく、臭いの出るものなら、みな「案山子」として使われていた。

の数日だけで、すぐに反応しなくなった。近年のイノシシは危険を察知するのも早いが、問題ないとわかれば、慣れるのも早いらしい。

今度は、イノシシの目の高さに合わせて地上30cmぐらいのところにビニール紐を張り、風が吹くとゆらゆら揺れるようにしてみた。が、これとて数日で見破られ、初物のタケノコはいっこうにボクの口に入ってくれないのであった。

こうして手をこまねいているうちにも、イノシシはさらに進化していった。なんと、まだ土中にあるタケノコを完璧に探り当て、掘り起こしていくようになったのである。これにはさすがのボクもおどろいたが、逆に闘志がメラメラと湧いてきて、何としてもイノシシに勝ちたいと思うようになった。

そんなころ、昔は「案山子」のことを「嗅がし」といって、鼻のいいイノシシを臭いで攻めていたことを知った。そこでさっそく、イノシシの鼻を攪乱すべく、猟師から有害駆除で捕まえたイノシシの生皮をもらってきて、竹林で焼いてみた。また、生皮自体もイノシシの目の高さのところに何カ所か吊るしてみたのである。

翌日、イノシシの困惑した顔を思い浮かべながら現場を訪れると、何と、イノシシは自分の仲間である「イノシシの生皮」を食べていってしまったではないか！　こりゃあ、何をやってもダメだ、ということにようやく気づき、いまではタケノコの初物取りをあきらめている。

こうしてイノシシは、近年、どんどん図々しく大胆になっていく傾向にあり、カメラにもかなり撮影されるようになった。このようなイノシシたちに、はたしてわれわれは勝てるのだろうか？

上：まだ若い2歳ぐらいのイノシシが、鋭い嗅覚でタケノコを探り当て、掘り起こしている。
左下：わずか数時間前に、イノシシがタケノコを掘り起こして食べた跡。
右下：美味しいタケノコの代わりに残されていたイノシシの糞。春のイノシシはタケノコ三昧で、このような軟便が多い。

高速道脇のレストラン

　ツキノワグマは木に登って実を食べるさいに、枝を折って座布団のように敷き詰める習性がある。その枝の塊を「クマ棚」という。だからクマ棚が見つかれば、そこには間違いなくツキノワグマが来ていたということになる。

　10年ほど前から、人家の庭先や道路脇、高速道路沿いなど、およそクマなど来るはずがないと思われていた場所で、クマ棚がつぎつぎと観察されるようになった。

　ツキノワグマといえば、臆病で警戒心が強く、人を見ればさっと逃げていくというのが、これまでの通説であった。それなのに、人家の庭先や道路脇で「クマ棚」が見られるというのは、いったいどういうことなのだろう。しかも、中央高速道路脇15mのところにあるクリの木には、毎年必ずクマ棚ができているのである。

　中央高速道は、東名高速道のバイパスのように使われていて交通量が多い。夜間など、大型トラックがおよそ10秒間に1台の割合で通り過ぎていく。走行中のエンジン音やタイヤのきしむ騒音も大きいし、ヘッドライトもかなりの明るさだ。大型のコンテナ車でも通れば、道路際には爆風が届き、相当の風圧を感じることもある。

　そのような場所で、平然とクリをむさぼるツキノワグマの心理にボクはとても興味があったので、自動撮影を試みることにした。

　しかし、ただ写すのではなく、できれば木に登ってクリを食べているツキノワグマを、背景に高速道路を入れて撮りたかった。そのためには、樹上にロボットカメラを設置する必要がある。そこで、

中央高速道脇のクリの木にできたクマ棚。ここ10年ほどの間に、高速道路脇のクマ棚が目立つようになった。

左：クリの木にハシゴをかけてロボットカメラを設置し、ツキノワグマが隣の木に登ってくるのを待った。
右2点：高速道路脇のこのクリの木には、毎年ツキノワグマが登っていたから、この写真の中にクマが写るはずだった。しかし残念ながら、この年は木に登ってくれなかった。

　地主さんを探して許可をもらい、隣の木の上にカメラを仕込んで、ツキノワグマがやってくるのを待った。

　ところが、それから2週間たっても1カ月たっても、ツキノワグマはいっこうに木に登ってくれなかった。しかし、木の下に落ちているクリを見ると、ツキノワグマの歯形がしっかりついている。ひょっとすると、いま来ているツキノワグマは木に登らないのではないか。そう思って、カメラを急遽地上に設置し直してみると、いきなりツキノワグマが写った。

　ツキノワグマは、高速道路脇にもかかわらず、まさに平然とクリを拾って食べていた。あるカットなど、地面に腹ばいになっていたのには、おどろいてしまった。背後では、大型トラックの轟音がひっきりなしにとどろいていたはずである。そんなことをまるで気にする様子もなく、リラックスしまくっているこの姿は、いったい何なのか。

　この撮影で、ボクはいくつかのことを発見できた。ひとつは、木に登るクマと、そうでないクマのふたつのタイプがいることである。ツキノワグマは木に登るのが当たり前と思い込んでいたが、

じつは木登りが嫌いなやつもいるのではないかと思えてきたのだ。採餌効率や安全性を考えれば、今回のクマのように、できれば木に登らずに、落ちた実を拾うクマも、決して少なくないはずだ。

もうひとつは、高速道路の騒音やヘッドライトの明かりが何の危険もないことを、ツキノワグマがすでに学習していることである。

ツキノワグマは最大で20年くらい生きるとされているが、平均寿命は10年程度と思われる。ということは、中央高速道ができてすでに30年以上が経つから、今日生きているクマはすべて、赤ん坊のときから高速道路を見て育っている世代である。母親が警戒しなければ、子供にも危険はないと刷り込まれるから、高速道路などまったく警戒しないのも当然である。

こうして世代交代の早い動物たちは、社会の変化にどんどん順応していく。「野生らしからぬ姿」と映るかもしれないが、それこそが野生動物本来の姿ではないかと、ボクは考えている。

上：高速道路の草刈りをしている職員が、クマの食べ散らかしたクリを見ていた。
右：高速道路脇で、むしゃむしゃとクリをむさぼるツキノワグマ。背後を大型トラックが通っても、まるで気にかける様子はない。

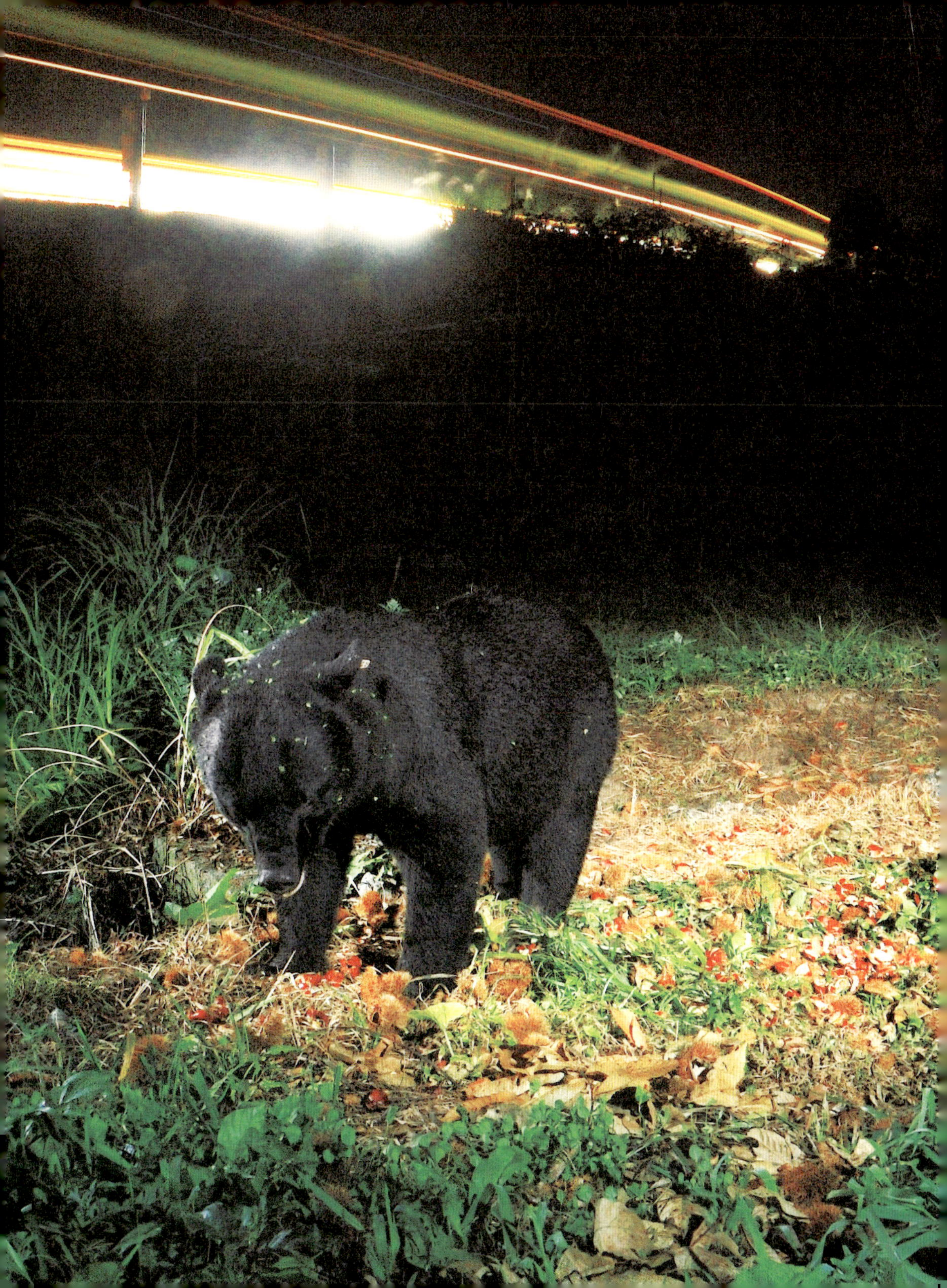

JR明科駅の架線にびっしりと並んで眠るカラス。その数、じつに3000羽を超える。

明かりに慣れた動物たち

　長野県北部を走るJR篠ノ井線。その明科駅に、冬になると夜な夜なカラスの大群が集まってきて、眠るようになった。

　カラスは、駅のホームや線路の架線などに、鈴なりになって眠っている。真下を電車が通ろうが、ホームに人がいようが、まるで気にしないカラスたち。これが本当に野生のカラスなのかと、疑いたくなる光景だ。

　1970年ごろ、ボクが撮影したカラスの集団ねぐらは、竹藪にあった。3000羽ものカラスが、めいめい竹の先端に止まって眠るのだが、彼らはけっして人間を寄せつけなかった。夜、竹藪には人が来ないことを学習していたし、何かあれば竹に振動が伝わるから、すぐに察知して逃げ出せることまで計算していたのだ。

　野生動物は本来、こうして眠る場所の安全に細心の注意を払うはずである。ところが、近年のカラスは、徐々にねぐらを街中に移しているように見える。竹藪のカラスたちも、いつのまにか街中の寺のスギの木にねぐらをとるようになった。近くにはコンビニの明かりが一晩中灯っているし、信号機や街灯もある場所である。

　このように、明るい場所にねぐらをとる野鳥はほかにもいる。ムクドリやハクセキレイ、カワウ

土佐湾の高知港に近い人工島では、カワウたちが枯れた木にとまり、ネオンに照らされながら眠っていた。

なども、近年は人目につく場所で堂々と眠るようになった。それはいったい、なぜなのか。

　ここ半世紀あまりの間に、人間社会は大量の電気を使って街を明るくし、夜間も活動するようになった。おそらく彼らは、それを「防犯」に利用しているのだ。人間社会の近くにいればフクロウなどの猛禽類が近づけないし、もし危険が迫ったとしても、明るければ早く察知することができる。

　彼らは、人間が野生動物に無関心で、もはや怖い存在ではないと知っている。だから、人間社会の懐にまで、大胆に入り込んでくるのである。

ハクセキレイが信号機と街灯に挟まれた電線に集まり、冬の間ずっとねぐらにしていた。

新宿駅の夜9時。ドバトたちは眠ることなく、昼間と同じように行動していた。

　明るい夜は、ほかの野鳥の行動にも変化を及ぼしている。ドバトなどはその好例だ。

　ドバトはもともと、昼間行動して夜間に眠る野鳥だった。しかし最近、都会などの人口密集地では、夜間でも行動するようになった。街はさまざまな照明であふれ、夜も昼のように明るい。そして人間が深夜まで活動するから、生ゴミも出る。こうして餌と明かりを確保したドバトたちは、夜もしっかり活動するようになってしまった。

　夜の繁華街や駅の構内で、怠惰にたむろするドバトに出会うと、何か見てはいけないものを見てしまったような不気味さを覚える。この「夜行性ドバト」は、まぎれもなく人間社会が生み出したものだ。多くの人がその異常性に気づかないとすれば、それは光によって、すでに私たち自身の感覚が麻痺しているからにほかならない。

　また、ゴイサギやアオサギなどは、もともと夜行性のサギたちだが、これらの野鳥にも、夜間の照明は大きく影響している。街灯やネオンなどの明かりが水面に映ると、それが「漁火」の役目を果たし、小魚の動きが活発になる。そこへ夜行性のサギがやってくれば、非常に効率よく獲物がとれるからだ。

　こうしてサギたちは、都市部周辺で活気づいていく。夜行性のサギたちは、人間社会がつくりだす「明るい夜」を歓迎しているのである。

マンションの明かりや街灯が、ため池の小魚たちの動きを活性化させる。それをねらってアオサギが、深夜ひそかに活動していた。

東京・上野の不忍池では、ゴイサギが深夜、餌とりに夢中だった。ここは、周辺のビル群から照らされる光が、かなり明るい。

さらに、意外に感じるかもしれないが、街の明かりは、はるか山の奥にまでしっかり届いている。
　たとえば、野球場やテニス場、ゴルフ練習場などのナイター施設。これらの明かりが、いったいどのくらいまで届いているのかを知りたくて、夜の山中を歩いてみた。いやはや、これがびっくりするほど明るいのである。照明源から2kmも離れた山中なのに、懐中電灯なしでしっかり周囲が見渡せ、木々を避けて歩けるのだ。
　ここにはツキノワグマやキツネ、タヌキなどもふつうに暮らしているから、彼らは生まれたときから「夜の光」を学習しているはずである。かつて月明かりしかなかった時代には、毎月半分近くは暗い夜だった。しかし、いまでは夜が明るいことを、彼らは当然のこととして受け入れ、むしろそれを利用しながら生活している。
　もはやそれだけ光に慣れているのだから、人間社会への接近も、まるで抵抗がないのである。

上：山から見た夜の街明かり。これまでは月明かりだけだった夜の森も、人工的な照明で薄暮の状態が年中続くようになった。
右：このキツネは、生まれたときから街の明かりや騒音に慣れて育っているから、明るい夜でも大胆に行動できる。

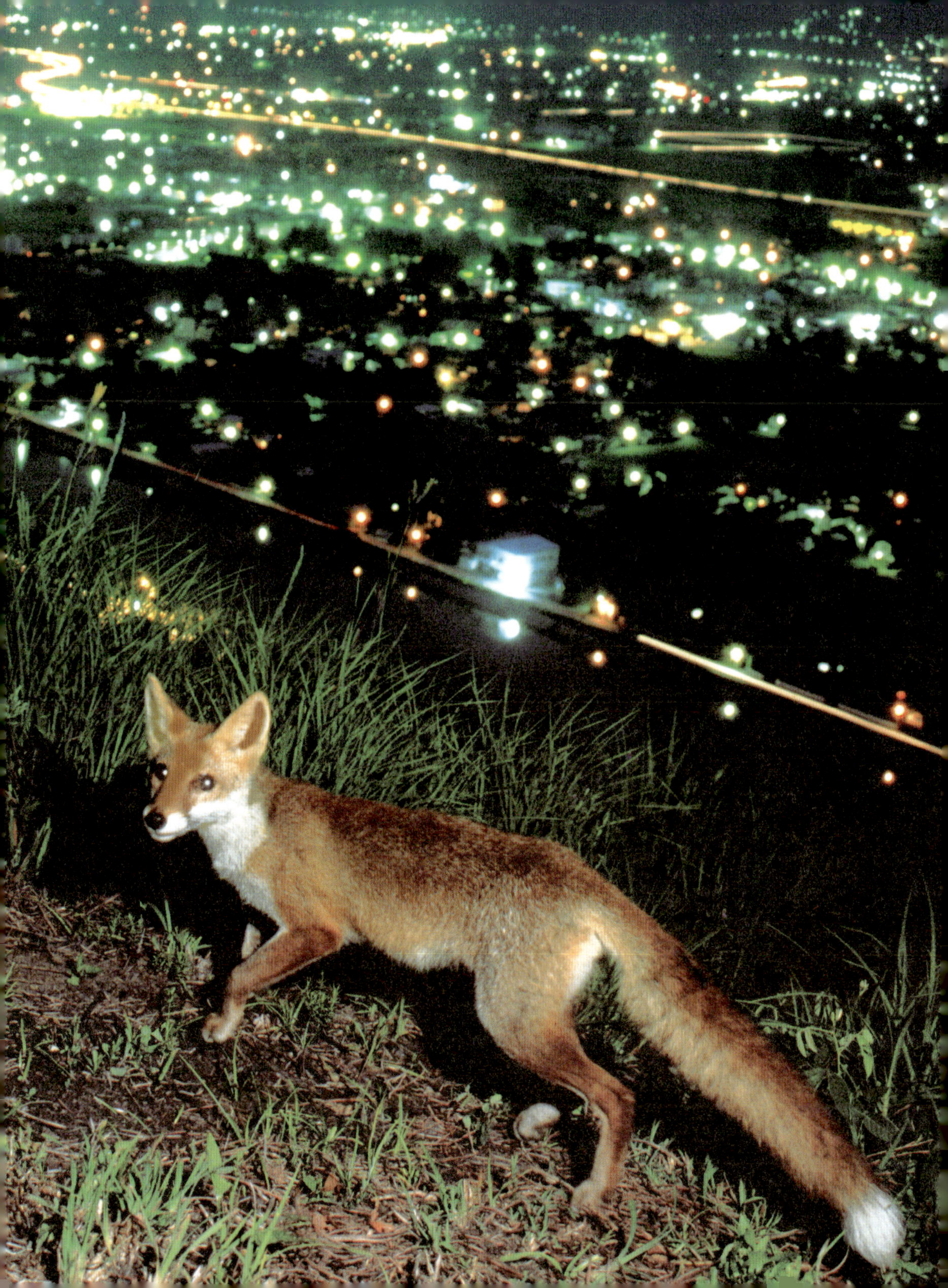

飛び出し注意！

　つい先日、東京の新宿駅から長野県に向かう特急「あずさ」に乗った。ところが、電車は山梨県の小淵沢付近でいきなり止まってしまった。

　社内アナウンスでは、電車がニホンジカと衝突したとのこと。シカは、死んだまま電車の下にもぐりこんでしまい、簡単には取り除けない状態だった。結局、現場に50分も停車して、ようやくシカを線路外に出すことができた。特急電車が50分も立ち往生するなんて、ある意味たいへんな事故ではないかと思った。

　実際、シカとの衝突事故はかなり起きているようで、ニュースでもよく取り上げられる。そればかりか、最近ではツキノワグマが電車や大型トラックと衝突する事故も起きている。また、ほとんどニュースになることはないが、タヌキやキツネ、ハクビシンのような小動物との交通事故も頻繁に起きているのが現実だ。とくにここ10年ほどは、事故が増えているように思えてならない。

　ボクがはじめて動物の交通事故を見たのは、1960年代後半だった。当時は、イタチやノウサギの交通事故が多かった。ちょうど、一般庶民も車が買えるようになり、車が急増してきた時期だ。いきなり車社会が到来したため、動物たちは対応できずに、事故が多発したのだろう。とにかく、国道などを走っていると、ノウサギやイタチ、タヌキの交通事故が目についた。

　それが、1970年代に入ったころから、動物の事故を見る機会が減っていったことを覚えている。これは、動物たちが車の危険性を自ら学習していった結果だろうと思う。とくにサルとキツネは事故が少ない。個体数はそれなりにいるのに、事故が少ないのは、それだけ学習効果が高いことがうか

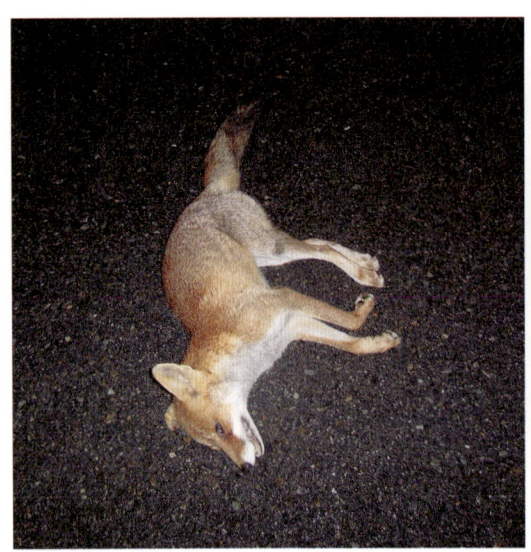

車にはねられたキツネ。外傷はないが、頭蓋骨が割れていた。

テンは急に飛び出したのか、頭をひかれて即死状態だった。

がえる。

　だが、ときにはキツネの死骸を見かけることもある。それは、外傷がわからないほど、きれいな状態のものが多い。キツネは猛スピードで走れるので、ひき潰されるようなことはめったにない。しかし、油断して一瞬飛び出すタイミングがずれると、車にひっかけられてしまう。いくら車社会を学習していても、キツネはときどき「慢心」を起こすから、このような事故が起きてしまうのではないだろうか。

　その後、1980年代には、ハクビシンの交通事故が非常に目立った。そのころ、ハクビシンはまさに激増期を迎えており、それが事故数にも反映されていたのである。

　そして2000年代に入ってからは、ふたたびいろんな動物たちの交通事故が目につくようになった。

タヌキ（上）とアライグマ（下）の道路標識。デザインはまったく同じで、アライグマは尻尾に縞が入っただけ。

秋の子別れの季節、その年生まれの若いタヌキがひかれていた。

ハクビシンは増えているので、交通事故の数も目立つ。

いちばん多いのはタヌキで、つぎにハクビシン。

あとは、イタチやキツネ、サル、イノシシ、ニホンジカなどと続くが、ノウサギは長野県では激減しているから、ここ20年ほどはまったく見ていない。

こうして見ていくと、やはり交通事故数と個体数は、ある程度比例しているように思える。近年、ニホンジカやツキノワグマの交通事故が増えてきたというのも、それを端的に表している。

そのような大型野生動物が増えてくると、事故も大きくなるので、ドライバーは注意が必要だ。ニホンジカなどは体重が100kgを超えるから、ちょっとした乗用車なら「大破」である。とくに雄ジカは、強力な武器ともなる大きな角をもっているから、もっとも危険な存在だ。

さらに、事故の衝撃でハンドル操作を誤り、路外に車ごと飛び出して、思わぬ人身事故にもなりかねない。これすべて、車のスピード如何で事故の大小が変わってくるから、ドライバーはそのことを、くれぐれも肝に銘じておいた方がいい。

これからは、対人だけでなく、野生動物との衝突も充分視野に入れながら、運転しなければならない時代になっているのだ。

イノシシの家族が道路を横断中に、最後尾の子供が車と衝突してしまった。

イノシシ注意の標識。上は沖縄、下は近畿地方だが、どっちのイノシシの方が怖そう？

上3枚：サル、シカ、ツキノワグマの標識。このような標識の近くでは過去に事故があったので要注意。
中：一般道でのサルの交通事故事例は非常にまれ。このサルはまだ若く、学習不足だったのだろう。
下：エゾシカの若い雄がひかれていた。角は柔らかそうに見えてハンマーのように堅いから、乗用車がひけば大事故につながる可能性もある。

サインを読みとくヒント
―― 野生動物と向き合うために

　自然は「黙して語らない」世界である。
　自然を理解できない人には、まさに五里霧中で何もわからない。しかし、ちょっと注意して見ていくだけで、動物たちのいろいろなサインが現れてくる。そのサインをどう読み解いていくかが、自然を知る重要なカギとなるのである。
　それは、足跡や糞のこともあれば、食べ跡のこともある。あるいは、動物の体臭だったり、体から抜け落ちた1本の毛だったりする。それらを見つけ、一体だれのものなのか、何をしていたのか、時間は、数は……というふうに、つぎつぎに考察を重ねていけば、かなりのところまで探知できてしまう。そのうえで、ボクはロボットカメラで撮影し、最終的に答えを出すようにしている。
　自然界にはこれだけ動物たちのサインが残されているのに、現代人にはそれを感知する能力が失われてしまったようだ。だから獣害問題などで、いざ動物に向き合う段になると、どうしていいのか、さっぱりわからなくなってしまう。
　ボクの知り合いの兼業農家・Kさんも、獣害に悩まされていた。Kさんは電気工事店に勤めているから、電気柵などはお手のもの。大金をかけ、ぐるりと農地を囲んでみたが、1年も経たないうちに電線がたるんだり漏電したりして効果が半減し、動物たちに突破されてしまった。それではと、今度は夜中に爆竹をならしてみたが、人が寝静まったころを見計らって動物たちはやってくるのだった。
　数年後、困り果てた周辺の農家と共同でフェンスを張ることになった。政府からの補助金を使い、集落を一周する万里の長城のようなフェンスが完成。数年間はさすがに安泰だったが、やがてフェンスの下に「けもの道」ができたり、サルがフェンスを乗り越えてきたりして、またまたお手上げ状態となってしまった。
　このように、ただフェンスさえつくればよい、という発想では、獣害問題は解決しない。動物たちは、そういう人間の気のゆるみを巧みについてくるからだ。肝心なのは、つねに現在進行形で動物たちの状況を読みながら、臨機応変に対応できる能力を身につけることだろう。この章では、動物たちのサインを読むための、いくつかのヒントを紹介していこう。

松枯れが進行した森（上）が、一気に伐採された（下）。一時的に草原状態が現れるから、ノウサギやヨタカには好ましい環境となる。こういう現象も、自然の動きを知る重要なサインである。

「松枯れ」というサイン

　1970年代の中ごろ、関西で大きな材木商をやっている人から「松枯れ」の話を聞かされた。関西では、山野に生えるアカマツがつぎつぎに枯れていて、このままいくと日本のマツが滅んでしまうのではないか、と心配していた。

　「松枯れ」とは、マツノザイセンチュウという外来種の線虫が、生きたマツの内部に侵入してマツを枯らしてしまう現象のことだ。この線虫を運ぶのがマツノマダラカミキリで、つぎつぎとマツの木に巣くうから、線虫もどんどん広がってマツが枯れていく。

　マツノザイセンチュウはすでに明治時代に日本に入り込んでいて、松枯れという現象自体は当時から西日本を中心に見られたという。しかし、猛威をふるいはじめたのは、1970年代になってからである。これには、日本社会のエネルギー革命が大きく影響している。

　日本では1960年代後半から、石油などの化石燃料が普及し、それまで利用してきた薪を使わなくなった。薪を利用していた時代には、枯れ木は切られ、燃やされていたので、結果的に線虫たちも焼却処理されていた。ところが、薪が不要になって里山が放置されると、線虫たちはどんどん増えていき、被害が一気に拡大したのである。こうして西日本から猛威をふるった松枯れは、現在では東北地方にまで進行している。

　多くの人は、これをマツという樹木の問題としてしか、とらえていない。どうすれば線虫を駆除できるか、拡大を食い止められるか。もちろんそれも大事だが、もうひとつ重要な視点を忘れている。それは、この現象が周辺に暮らす動植物相にどのような影響をあたえ、その先、自然がどのように動いていくのか、という長期的かつ包括的な視点である。

　マツという木は枝振りがいいうえに、樹皮には殺菌効果もあるから、肉食の猛禽類にはいい営巣場所となる。たとえば、オオタカが好むのは混み入った林で、上部にマツ、下部に広葉樹が広がる二層構造の林である。翼が短めで小回りが利くオオタカは、その二つの層の間をうまく利用して飛び、巣をつくっていた。ところがそのマツが枯れると、オオタカは営巣できなくなってしまった。

　その反面、一時的に松枯れを歓迎していた猛禽もいる。1970年代当時、ボクは山陰地方の日本海沿いでハヤブサを追っていた。海岸線の絶壁では、大きなマツの木がつぎつぎに枯れ、枝先が落ちていった。枝という障害物がなくなったマツの木は、ハヤブサの止まり木には最高の状態となる。ハヤブサは枯れ木に長時間止まっては、海上に飛来する獲物を待っていた。そんなハヤブサの姿を

右ページ：**1.** 山口県。マツの大木が枯れて久しい。(2010年)／**2.** 広島県。30年前に枯れた後に生えてきた次世代のマツが、また枯れている。(2010年)／**3.** 兵庫県。ここも次世代の松枯れ。(2010年)／**4.** 岐阜県。西日本より20年ほど遅れてやってきた松枯れ。(2008年)／**5.** 福井県。かなりのマツの大木が全滅寸前。(2009年)／**6.** 愛知県。岐阜県と似たような状況の松枯れ。(2008年)／**7.** 長野県。中部地方にも広がってきた松枯れ。(2009年)／**8.** 山形県。東北地方には30年ほど遅れて広がった松枯れ。(2009年)

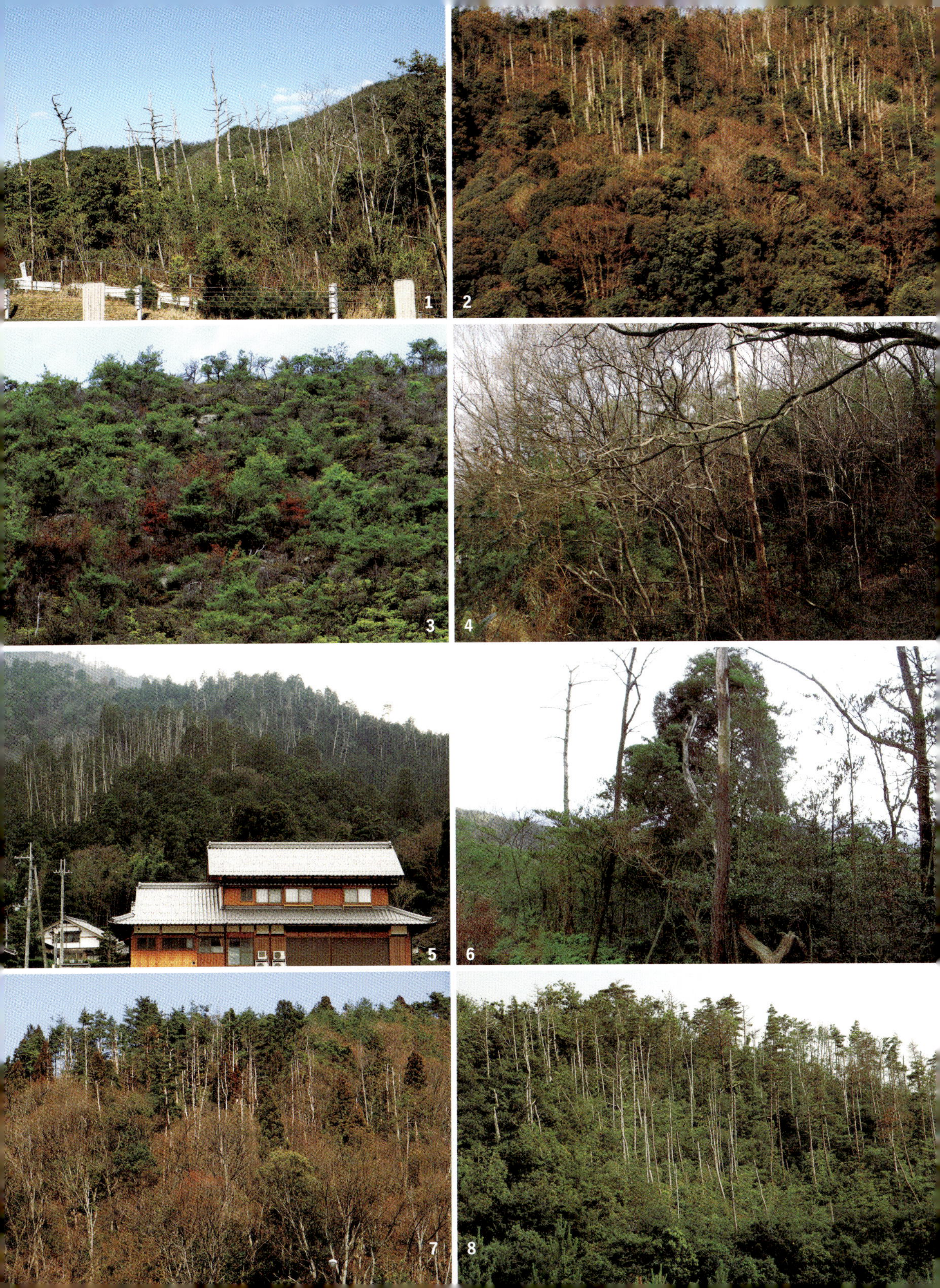
1
2
3
4
5
6
7
8

松枯れが進んで小枝が枯れ落ちると、ミサゴが営巣をはじめた。ミサゴはグライダーのように飛ぶので、障害物の少ない環境が巣づくりポイントとして選ばれるが、枯木が倒れてしまえば営巣しなくなる。

　見ると、マツが枯れたことを、ハヤブサはよろこんでいるに違いない、と思ったものである。

　また、枯れたマツのてっぺんに、ミサゴが巣をつくっていたこともあった。ミサゴは海岸沿いの岩場や、水辺の樹上など、見晴らしのいい場所に好んで営巣する。このミサゴは、マツが枯れて林全体がすっきりと見通しがよくなった環境を利用して、巣をつくっていたのだ。しかしそれとて、枯れて倒れてしまえば、それまでである。

　倒れたマツの幹は、地上に累々と横たわり、風雨に打たれながら腐朽していく。そこにシロアリやアリ、甲虫の幼虫たちが大量に入り込み、自然への回帰をうながしはじめる。そうなると、アリが大好きなツキノワグマやアナグマにとっては、好ましい環境となっていく。

　その後、放置された林の多くは、コナラなどを中心とした広葉樹が大勢をしめる林へと遷移している。それはあたかも、伐採後に放置された森林と歩調を合わせるかのように、サル、イノシシ、ニホンジカ、ツキノワグマなどに適した環境をつくってきたのである。

　そして近年は、日本海側で「楢枯れ」が目立ちはじめている。これは、松枯れのあとに優先種となったナラ類に、同じような現象が起こっていると見ることもできる。今後、影響がどのように出てくるか、長期的視野からの考察が必要だろう。

左：枯死したマツの幹には、たくさんのアリや甲虫類の幼虫が入り込み、腐食させていく。クマが餌の虫を求めて幹をかじると、まもなく幹は倒れる。
右：ムネアカオオアリは、松の枯れ木に大群で巣をつくる。その幼虫は、ツキノワグマの大好物。

立ち枯れたアカマツ、倒れたアカマツ、更新したアカマツなどが入り交じった林。マツの倒れた後には、コナラなどの広葉樹も育っている。

足跡で読む動物の心理

　動物はめったに人前に姿を現さないかわりに、必ずサインを残していく。そのひとつが、足跡だ。もっとも見つけやすいのは、雪の上についた足跡だろう。では、ちょっとテストしてみよう。下の写真で、どれだけの動物の足跡があるか、わかるだろうか？（答えは、右ページの写真に示した）

　まず、カモシカが奥の林から、手前に向かって歩いてきている。カモシカの体重は重いので、このような20cm程度の新雪では、足跡が深く潜る。歩調は整っており、カモシカはゆっくりと歩いていたことが読み取れる。また、足跡がまっすぐなのは、林から林へ目的をもって、おそらく餌探しに向かっていたことを示している。

　そのすぐ横についた小さめの足跡は、テン。テンは胴が長く足が短いので、ゆっくり歩くときと走ったときとでは、足跡のパターンがまったく違う。この足跡は走ったときのもので、60〜70cm間隔でふたつずつ並んでいる。ゆっくり歩くときは、体長と同じ30〜40cmぐらいの間隔で、3個まとまった足跡がつく。それがわかってくると、左下にも、もうひとつテンの足跡があることに気づくだろう。

　そして、真ん中より少し右に、1個ずつの足跡が直線状に続いているのが、キツネである。キツ

雪上に縦横についた動物たちの足跡。

左：別荘前についたキツネの足跡。まったく乱れのない足跡は、キツネが平然と歩いていた証拠。
右：タヌキの足跡は、雪が深くなると、このようなラッセル跡になる。

ネはふだん、前足の跡に後ろ足が重なるように歩くから、このような足跡パターンになる。

そのほかにも、乱雑な足跡が多数見られるが、これらはすべてニホンザルのもの。群れで歩いた跡だ。もっとも、サルの後ろ足の跡は人間の裸足の足跡によく似ているから、見分けやすい。

つぎに、左上の写真を見てみよう。これは無人の別荘をキツネがのぞきにきた足跡。キツネは以前、ここで餌にありつけたらしく、この日ものぞきにきたようだ。別荘には防犯センサーがついていて、前を通ると明かりがつく。しかし、無人だから殺気はなく、キツネは安心して行き来していたことが、何の乱れもない足跡から読み取れる。

右上の写真はタヌキのもの。積雪は30cmほどだが、タヌキは足が短く、腹でラッセルして歩くので、U字型の溝が一直線につづく。このような状態でタヌキが出歩いたということは、これ以上は吹雪かない、とタヌキが天気を読んでいた証拠でもある。

左ページの写真の答え。印以外は、すべてサルの足跡。

水辺についた足跡。大きいのがタヌキで、小さいのがイタチ。

上：夜の水辺で死んだ魚をとるタヌキ。
下：非常に特徴的なヌートリアの足跡。

　つぎに、雪以外で足跡が残りやすいのは、ぬかるみや砂地。実際に、川や池の水辺を注意深く見ていくと、よく足跡が見つかる。

　左上の水辺の写真には、タヌキとニホンイタチの足跡がついている。目立つ方の足跡がタヌキだ。四本の指の先に爪の跡が残り、大きな肉球もくっきり。これは、タヌキの前足の特徴である。タヌキは水辺をうろつきながら、死んで打ち上げられた魚を探していたようだ。

　これに対し、イタチの足跡はタヌキよりはるかに小さく、水辺に数個ついているだけで、いきなり消えてしまっている。これは、イタチが生きた魚を捕まえるため、岸辺から水中に飛び込んで、泳いで移動したことを示している。

　また、右下の写真の砂地についているのはヌートリア独特の足跡。後ろ足の人差し指と中指、薬指がひときわ長く伸びているので、足跡は三本指となる。それに長い尻尾を引きずって歩くから、一本の棒を三本指の足がまたいだような跡になる。

　ほかには、畑にもよく足跡がつく。右ページ上の写真は、老夫婦が野菜をつくっている畑である。よい野菜をつくるには、まずよい土をつくらなければならず、老夫婦は堆肥をやり丁寧に土づくりをしている。そこにキツネが毎晩やってきては、足跡をつけていく。

　畑にキツネがやってくるのは、有機堆肥の臭い

老夫婦が野菜をつくっている畑。大きな足跡は人で、小さな足跡がキツネ。

　が魅力的なのと、肥料にはカブトムシの幼虫などもいるから、それを食べるためだ。そんなキツネの徘徊を老夫婦は知っているが、野菜を傷めてしまうわけではないので、黙認しているのだった。

　また、白いシートにくっきり泥の足跡が残っているのはツキノワグマ。このシートは、日光を反射させてリンゴによい色をつけるために、農家が敷いたものだ。そのリンゴをツキノワグマが盗みにきて、不覚にも足跡を残してしまった。

　このように、シートが思いがけずツキノワグマの出現を教えてくれたわけだが、今後、周囲に出現する動物を調べるのに、さまざまなシートを応用するのも有効かもしれない。

リンゴの樹の下に敷いた日光反射用のシートに、ツキノワグマの大きな足跡がくっきり残っていた。

糞のメッセージ

　足跡とともに、動物の痕跡で重要なのが、糞だ。糞には動物の特徴がしっかり現れているので、種類の判別はもちろん、行動パターンまで読み取れてしまう。

　糞をタイプ別に見てみると、まずコロコロとした小さな丸い糞がある。このタイプは、ノウサギ、カモシカ、ニホンジカである。それぞれみな丸いが、種類によって微妙に違いがあるので、慣れれば簡単に区別がつく。

　ノウサギの糞はほぼまん丸だが、上下から押しつぶしたように、少し扁平なのが特徴だ。糞には、植物繊維がびっしりとつまっている。

　同じ球形でも、カモシカの場合はもっと細長く、楕円形に近い。カモシカは同じ場所に糞をするので、1カ所にこのような糞が大量にあれば、カモシカのものだと判断できる。

　ニホンジカの糞はカモシカによく似ているが、もう少し丸い。ニホンジカは歩きながら糞を落としていくので、5～6mの範囲に糞がばらまかれている。また、繊維質の少ない若葉も食べるから、

上段左から右に：ノウサギの糞／カモシカの糞／ニホンジカの糞（左）と軟便（右）
下段左から右に：ニホンザルの糞／イノシシの糞／ツキノワグマの糞

タヌキが仲間の糞の臭いをかぎ、情報収集をしている。円内はたまった糞のアップ。

下痢便や軟便が見つかることもある。

　つぎに、直径2cmほどの塊がいくつもつながった「連結糞」タイプは、サルやイノシシだ。サルは太さ2〜3cm、長さ10〜15cmほどの細長い糞をすることが多く、繊維質の多い餌を食べたときには、小さな塊が数珠のようにつながった形になる。群れで行動するので、同じような形の糞があたり一帯に見られることもある。

　いっぽう、イノシシの糞も数珠のような形だが、もっと太くて大きい。そして親子以外は単独行動だから、糞はひとつだけぽつんと見つかる。また、色は土色か真っ黒なものが多いのも特徴だ。

　そして、大きさや形が最も人に似ているのが、ツキノワグマの糞だ。しかし、雑食性でいろんな餌を食べているから、色や形状はまちまちである。また、糞が軟らかいのも特徴で、雨にあたれば一日で分解されてしまうことも多い。したがって、ツキノワグマの糞を見たら、基本的には最近のものだと思っていいだろう。

カモシカの糞のたまり場。カモシカは毎日行動域が決まっているから、トイレも同じ場所になる。

上：テンはときどき、こうした目立つ場所に糞をしていく。
左：キツネも同様に、目立つ場所に糞をする。

　このように、動物たちの糞には特徴があるが、する場所にも特徴があるのが面白い。

　ノウサギやカモシカは、糞場がだいたい決まっている。ノウサギは直径5〜6mほどの範囲に、少しずつまとめて糞をすることが多い。いつも外敵にねらわれているから、決まった安全な場所に糞場を設けているのだろう。

　これに対し、カモシカは行動圏がほぼ一定しているため、1日の行動ルートの中で自ずから糞場も決まってくるようだ。その結果、カモシカの糞は、1カ所にたまっていくのである。

　糞をためることでよく知られているのは、タヌキだろう。タヌキはカモシカと違い、ナワバリを誇示するように、鮮度のいい糞をあえて毎回同じ場所にし続ける。それによって、タヌキは周辺にすむ仲間と情報交換をしているのだ。

　また、キツネやテンのような肉食動物は、糞を切り株や石の上など、目立つ場所にすることが多い。これは、サインポストといって、自分の行動域を仲間に示すメッセージである。

　さらに、自分の巣穴の脇に大量の糞をして、そこで生活している動物もいる。テンやハクビシンは、樹上の巣穴のそばの枝股などに、これ見よがしに大量の糞を重ねている。まるで、巣穴の周囲を糞で武装し、仲間の侵入を防いでいるかのようだ。ときには、自分が寝る穴の中まで糞がいっぱいのこともある。不潔きわまりないように見えるが、彼らにとっては必要な行動なのだろう。

　こうして動物たちの糞には、それぞれの行動パターンが現れるから、糞を読みとくことで、彼らの動きがじつによく見えてくるのである。

樹上の巣穴近くの枝股に、テンが糞をためていた。テンはこうして、同種に対して自分の存在をアピールしている。

クマ棚から見えてくるもの

　クマ棚が最も見やすくなるのは、木が葉を落とす冬だ。棚の部分には、枯れ葉がまとまってついているので、よく目立つ。

　クマ棚の大きさは、大きなもので幅3m、小さなものでも1mぐらいはある。座布団のように枝をたくさん敷つめた場合、厚さも1mほどになる。このようなクマ棚の特徴をしっかり覚えておけば、3〜4km離れたところからでも、見つけることが可能だ。

　ボクは長年クマ棚を観察しているが、ツキノワグマが人里に大量出没した年と、あまり目立たなかった年とでは、大量出没した年の方が、クマ棚の数が多い気がする。クマは実なりの悪い年の方が多くの木に登って棚をつくるので、そのことと大量出没とが関係している可能性もある。

　しかし、ここで二つのことを強調しておきたい。ひとつは、大量出没しない年に、クマがいないわけではない、ということ。もうひとつは、クマ棚が少ないからといって、クマが少ないわけではない、ということだ。実際、ボクは6年以上、複数の場所にロボットカメラを設置し続けているが、出没やクマ棚の多少にかかわらず、毎年コンスタントにツキノワグマが写り続けている。出没やクマ棚が目立たない年には、山野に潜伏したまま、目立たない行動をしているにすぎないのだ。

　つまり、クマ棚はクマの存在を確実に裏付けるサインではあるけれど、見つからない場合に、クマが「いない」と判断する材料にはならない、とい

中国自動車道下り筒賀PAの上で見つけたクマ棚。　岡山県美作市の人家裏に見られたクマ棚。

福井県の北陸自動車道今庄IC付近にあったクマ棚。

　うことである。
　そうしたことをふまえて、ボクは全国のクマ棚を調査してみることにした。まずは、九州、四国、西日本地域から、中部、東北地方まで、幹線道路を車で走行しながらクマ棚を観察した。
　その結果、四国、九州ではクマ棚をまったく発見できなかったが、広島や島根、岡山などの中国自動車道周辺では、かなりの数が目撃できた。
　さらに、兵庫、滋賀、福井、岐阜、富山、山梨、群馬、新潟、栃木、福島、山形、秋田、岩手でも、同じようにクマ棚を多数確認することができた。
　いっぽう、青森や和歌山、三重などでは、クマ棚を目撃できなかった。また、豪雪地帯といわれるような地域でも、クマ棚は少なかった。豪雪地帯にはブナが多いが、ツキノワグマは必ずしもブナの木に登るわけではなく、地上で実を拾って食べているクマも相当数いると考えられる。あるいは、たとえクマ棚をつくっても、ブナの枝は落下しやすいから、クマ棚が目立ちにくいのかもしれない。
　さらに、海岸に近く標高の低いところでは、照葉樹が多いから、クマ棚も目立ちにくい。そのような地域では、クマの餌として一般的に考えられているドングリなどとは、まったく別の食性をもったツキノワグマがいることも、想定しなければならないだろう。

照葉樹林帯では、腐朽木などを分解するために活動しているアリや甲虫の幼虫などを積極的に補食したり、フユイチゴや低標高地にのみ産する漿果を食べている可能性も充分に考えられる。

　このように、ツキノワグマが多数生息する地域でクマ棚が見つからない場合、クマの食性をドングリからいったん切り離して、広い視点で考察し直す必要がある。クマ棚の「不在」には、そのようなメッセージが込められているのである。それを読めるか読めないかで、ツキノワグマの生息状況に対する認識は大きく変わる。

　ボクは、ツキノワグマは本州の山野に、まんべんなく多数生息していると考えている。しかし、それを確認できる技術者が今日の日本にはほとんどいないから、生息数の過小評価がいまも続いているように思えてならない。

上：岐阜県高山市の人家裏で見つけたクマ棚。
下：秋田県で見つけたクマ棚。

上：長野県北アルプス大町市で見つけたクマ棚。
下：岩手県遠野市で見つけたクマ棚。

秋田県秋田市の山中で、ブナの木に登り若芽を食べているツキノワグマ。

疥癬はどこまで広がるか

動物たちには、「疥癬症」という病気がある。疥癬とは、カイセンダニのことで、ヒゼンダニともいう。非常に小さなダニなので、私たちの目には見えないが、このダニが皮膚に入り込み、主に毛根部分にトンネルを掘って卵を産む。そして成虫になる、といったサイクルを繰り返す。

これに対してアレルギー反応が起こり、猛烈な痒みをともなうので、動物たちはかきむしったりして毛が抜けてしまう。そうすると、見るも無残な状態になり、全身の90％近くも毛が抜けて、皮膚がむき出しになってしまう動物もいる。

この疥癬症をボクが初めて知ったのは、1980年代前半だった。そのとき、毛の抜けた得体の知れない動物がいる、といったニュースが飛び交った。それは結果的にはタヌキだったのだが、全身の毛がほとんど抜けていたので、目撃した人は何の動物かさっぱりわからなかったのだろう。

疥癬症になると判断力が鈍るらしく、その後、交通事故に遭ったタヌキをよく見かけるようになった。こうしてタヌキに疥癬症が目立っていたが、2000年前後から、キツネやイノシシ、ハクビシンでも見つかるようになった。そして2008年には、ツキノワグマでも観察されたのである。

いまのところ、ボクが見ているのはこれらの動物だが、今後はイタチ類や、アライグマのような外来種にも疥癬症が広がる可能性は捨てきれない。疥癬症は動物同士が直接触れ合わなくても罹患するようなので、わずかな罹患を見つけたら、発信器などをつけて、その個体を集中的に観察し、同時に周辺に自動撮影装置を仕掛けて他の動物への影響も見ていく必要があるだろう。そのような調査を行うことで、疥癬症に罹患した動物の死亡率や、感染拡大の推移などが、よりくわしく解明されるに違いない。

左：疥癬症にひどくやられているタヌキ。全身の毛が抜けてしまっている。

右ページ
左上：尻と尻尾が疥癬症になってしまったキツネ。この3週間後に死体で見つかった。
右上：檻で捕獲されたイノシシには、全身疥癬症が広がっていた。
左下：わき腹に疥癬症が見られるハクビシン。ハクビシンでは、これ以上進んだ症状を見たことがない。
右下：尻に疥癬症が見られるツキノワグマ。ツキノワグマでも、これ以上進んだ症例は見られない。

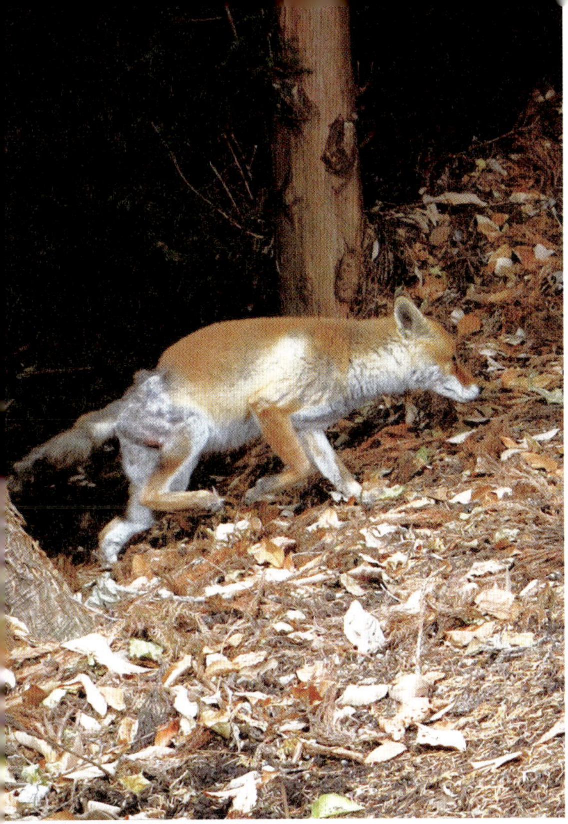
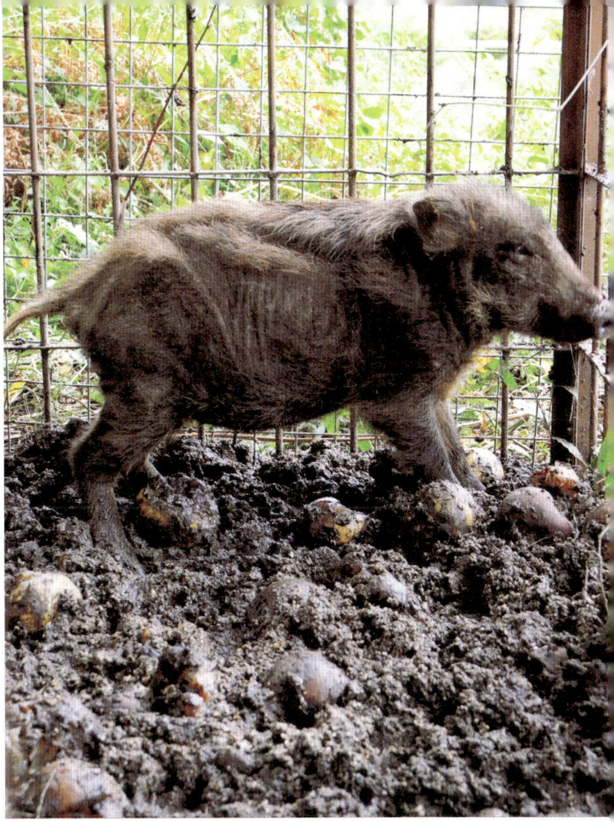
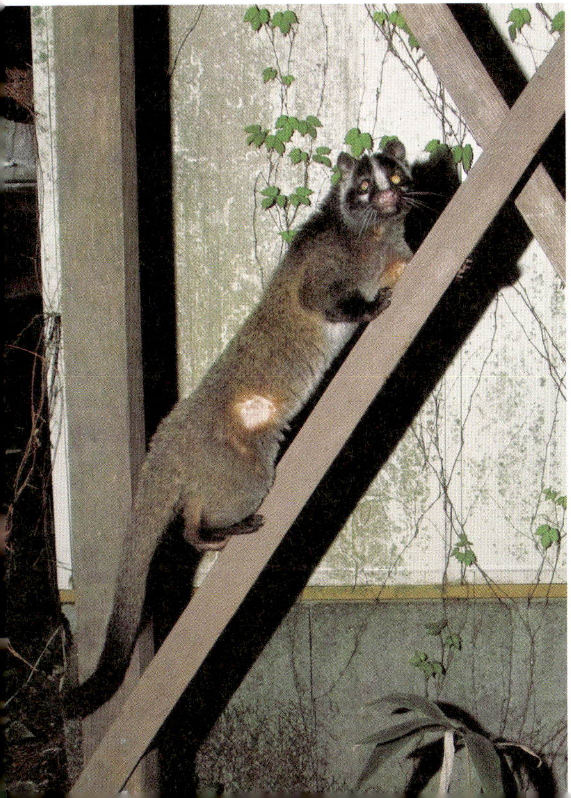
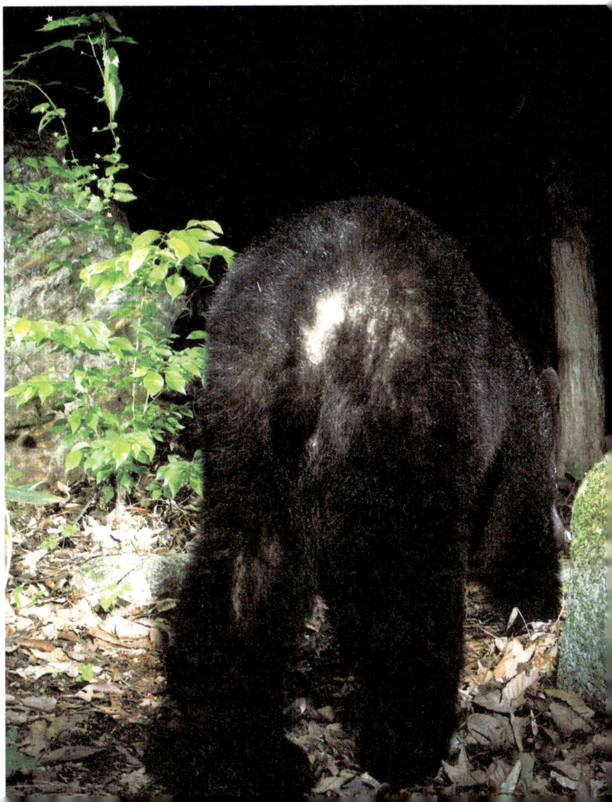

1980年、長野県駒ヶ根市に出現した白いタヌキ。当時、駒ヶ根一帯に20頭ものアルビノ個体が見られた。

白いタヌキの出現周期

　1980年、ボクは初めて純白のタヌキに出会った。

　当時、駒ヶ根高原のある観光ホテルでは、宿泊客の食べ残した残飯を、近くの林に穴を掘って捨てていた。その大量の残飯を、タヌキが食べにきていた。タヌキは年々数を増し、多いときには100頭ほどが現れた。その中に一頭だけ、真っ白なタヌキがいたのだった。いわゆる「アルビノ」で、突然変異により色素を失った個体である。

　とにかく珍しかったので、ボクは夢中になって撮影した。ところがその翌年、周囲でロボットカメラを稼働させたところ、白いタヌキが頻々と撮影され、周囲約1kmの範囲に、なんと20頭もいることがわかったのである。

　どうやら、アルビノのタヌキが大量に生まれたらしかった。アルビノは両親が白くなくても生まれてくるし、また白いタヌキの子供が必ずしも白くなるわけではない。周辺の何百匹というタヌキにその遺伝子が受け継がれており、あるきっかけで生まれてくるのだろう。

　そんな白いタヌキがたくさんいれば、当然目立って噂が広がる。都会の人から「剥製にしたいので捕獲してほしい」という依頼が密かに舞い込んだようだ。タヌキはどんどん捕獲され、やがてアルビノのタヌキも見かけなくなった。

2008年、長野県下伊那郡で生まれた白いタヌキの兄弟。他の兄弟はふつうの体色だが、たがいに仲良く生活していた。

　じつは、その数十年前、30kmほど南の飯田市周辺で、やはり白いタヌキが話題になったことがある。白いタヌキ遺伝子は、この一帯に残っていたのだろう。

　そして2008年夏、飯田市の南30kmほどの下伊那郡平谷村で、白いタヌキが2頭生まれたという情報を得た。さっそく行ってみると、両親タヌキと6頭の子供がおり、そのうち2頭が純白のアルビノだった。さらに、そこから200mほどの旅館には、大人の白いタヌキが遊びにくるという。ということは、探せばまだたくさんのアルビノが見つかるはずである。

　それから4年連続で、下伊那郡から飯田市にかけて白いタヌキが観察されている。しだいに北上してきているから、そろそろ駒ヶ根高原にも出現するだろう、とボクは予測している。

　こうして見ていくと、白いタヌキは30年ほどの周期で出現しており、タヌキの遺伝子が少しずつ移動していることがわかる。このような動きは、DNAを調べてみれば、かなりくわしくわかってくるはずだ。野生動物と人との距離が縮まっているいまだからこそ、身のまわりの動物の素顔をきちんと知っておくことは、とても意義あることではないだろうか。

エピローグ

現状を把握するには

これまで見てきた通り、現代の社会はさまざまな形で、野生動物たちに巨大な「餌場」を提供してきた。生き物にとって、「食べる」という行為はもっとも基本的な営みだから、餌のあるところに集まってくるのは当然の成り行きといえる。

こうして私たちが知らず知らずのうちに行ってきた「餌づけ」は、野生動物たちを想像以上に身近なところにまで引き寄せてしまった。しかも、多くの人がそのことに気づいていない。だが、これからは農業現場だけでなく、日常生活のさまざまな場で野生動物との軋轢が顕在化してくる可能性があり、知らぬ存ぜぬではすまされない時代に、もはや突入しているといえるだろう。

では、野生動物と向き合うにはどうすればよいのか。何よりもまず、身のまわりの自然に対する「無関心」な態度を、いますぐやめなければならない。何かを知るということは、すなわち関心を示すことだからである。そして、いま自分が生活している足元の自然を、できるだけ正確に把握する必要がある。身のまわりには、どんな生き物がどのぐらい生息しているのか。はじめは、皆目見当もつかないかもしれないが、痕跡などを地道に調べていけば、かなりのところまで見えてくるものだ。

足跡、食痕、糞などを探してみるのもよいだろう。それらの知識を身につけていれば、ある程度の輪郭はつかめるはずだ。より詳しく知りたければ、動物が通りそうな2本の木の間に木綿糸を張って、動物たちの動きを探る方法もある。木綿糸を片方にだけ縛り、もう片方は縛らずにただ巻きつけておく。動物たちがそこを通れば糸を引きずっていくから、歩いた方向が分かる。このとき、高さを10cm、30cm、60cmと数種類仕掛けておけば、通った動物の大きさまでわかってしまう。そこまでわかれば、今度は有刺鉄線を張ることで体毛を集めることができる。このような方法で、ある程度動物の種類の特定が可能なのだ。

さらに、無人撮影ロボットカメラも併用すれば、写真で確実に種の特定ができるし、どんな動物がどのくらいの頻度で現れるのかもわかる。ロボットカメラは近年かなり安価になり、既製品が出回っているから、それらを応用することは可能だ。個人でも充分に買える値段になってきているし、自治体などで組織立てて利用していくのも有効だろう。

ただし、機材がそろっても効率よく結果を出すためには、やはり動物たちの習性を熟知していなければならない。それには地域の自然環境を深く理解していなければならず、自然を見るセンスが要求されるのである。

個々の対策のヒント

さて、ある程度動物たちの特定ができたら、あとはどうするかといった問題が出てくる。現在もっと

も人々の生活に被害をおよぼしている動物は、シカ、イノシシ、サル、ツキノワグマ、ハクビシン、アライグマといったあたりだろうか。それぞれの動物ごとに習性が違うから、対策は種別に講じなければならないし、予防か捕獲かによっても、方法は変わってくる。ボクが撮影を通じて得た知見をもとに、対策のヒントを簡単に記しておこう。

シカは日本各地で激増し、さまざまな領域に進出して植生を食い荒らしている。このままでは取り返しのつかない事態に陥る可能性があるから、大量捕獲のための広大な捕獲装置をつくり、計画的に数を減らしていくことが急務だろう。こうした基本対策とは別に、出没数が少ない地域では、ランダムに音が出る装置などで被害を抑えることが可能だ。ボクがシカの泥なめ場にロボットカメラを設置したとき、シカは1カ月間まったく近づかなかった。この体験をシカ予防に応用し、別の場所にシカの接近を感知したら防犯ブザーをけたたましく鳴らすようにすると、シカは半年間も現場に寄りつかなかった。シカの侵入を予防するには、目と耳を攪乱することでかなりの成果が期待できる。

イノシシもかなり警戒心が強い動物だが、本文でもふれたように、対策はなかなか一筋縄ではいかない。イノシシには同時に光、音、臭いの三点攻めをすることで、より強烈な刺激をあたえ、危険を学習させる必要がある。さらにこのような装置を数メートルおきに展開することも、今後の研究課題である。

いっぽう、イノシシを捕獲する場合は、反対にまったく警戒させないように時間をかけて「安全」を学習させる。1～2アールの広い檻を設置し、その中で餌づけをして、近隣のイノシシ群を一網打尽にする、といった発想が必要だろう。

サルは賢く学習能力が高いので、檻を設置しても入らない群れもいる。ところが、ある農家のオヤジさんは、そんなサルの学習能力を利用して効果をあげている。彼は、サル駆除に出動する猟友会員のオレンジ色のベストを畑の脇に吊るし、爆竹を鳴らした。すると、サルは数カ月間出てこなくなったという。サルはきわめて視力がよく、人相や服装まで完璧に覚えて行動しているから、それを逆手に取ったわけである。オヤジさんはそれだけでなく、犬を放して追い払いもしている。このようにサルの習性を理解し、自ら工夫しながら行動しているところでは、農業被害も少ないのだ。また、大規模に捕獲する場合にはイノシシと同様、広大な檻で長期的に餌づけを行い、群れを一網打尽にする作戦をとらなければならないとボクは思う。

ツキノワグマは、地域によっては「絶滅が危惧される」動物となっている。しかし、少なくともボクのフィールドの長野県では、決して絶滅するほど少ない動物ではないと断言できる。これは、人里から奥山まで、無人撮影ロボットカメラを複数箇所に5年以上設置し続け、写真で生息状況を確認したうえでの結論である。いっぽう、東北地方から中国地方まで日本各地の自然環境を見届けてきたが、一般にいわれているツキノワグマの生息数をはるかに上回る数が、ボクには推察できた。ただ、そのような報告が出てこないのは、きちんと観測でき

るスキルが全国的にないのと、そもそもツキノワグマを知ろうというモチベーションが欠如しているからではないか、と思っている。

近年、ツキノワグマによる人身事故や農林業被害が多発しており、早急な対策が求められている。それにはまず、各地域にツキノワグマが何頭生息しているのか、といった調査が行われなくてはならない。地元住民の理解を得るためにも、何頭まで減れば厳重に保護しなければならないのか、何頭以上になれば余剰部分を捕殺してもいいのか、といった数字を客観的に示す必要があるだろう。「そのような調査は困難」と、はじめから投げてしまう研究者もいるが、ツキノワグマのことを語るなら、もっと一人ひとりが発想の転換をしながら、生産的なアイデアを出していくべきではないだろうか。

ハクビシンとアライグマは、日本の中でうまくニッチを獲得し、いまや爆発的に増えている。彼らには、木登りが得意という性質を利用して効率的な捕獲ができるだろう。地上1.5〜2mの空中に餌台をつくり、斜めに丸木などを立てかけて誘導すれば、ハクビシンとアライグマは確実にやってくる。そこで捕獲を行えば、キツネやタヌキの混獲を避けることもできる。ハクビシンとアライグマは、意外に人家周辺で隠密行動をしているので、監視カメラなどで確認し、手を打っていくことが必要だろう。

日本犬の再評価

以上、ざっと動物ごとの対策を述べてきたが、全体の対策、つまり動物の種類を問わず集落から追い払う方法としてかなり有効なのが、「日本犬」の活用だと思う。ボクの知り合いの農家で放し飼いにされている甲斐犬の雑種は、最近サル追い犬となった。

サルの群れが農地付近に出現すると、1頭で3時間でも4時間でも追っていき、小さなサルを殺して持ち帰るようになった。以来、サルはまったく近寄らなくなったという。この犬は別に、サル追い犬として訓練されたわけではないのに、勝手にサルを追うようになったのだ。また、ある山間地の旅館で飼育していた柴犬の雑種は、イノシシとツキノワグマの接近を確実に悟り、吠えて家人に伝えていた。この犬も、とくに訓練を受けたわけではない。

ボク自身も、天然記念物柴犬保存会の犬をもう30年以上にわたって数頭飼育し続けている。柴犬は、縄文時代の遺跡から出てくる犬の骨格にほぼ一致しているので、まさに日本犬のルーツといえる。日本犬は、縄文時代から集落や主人を守り、狩りのパートナーにもなってきた犬だ。それだけに、日本の他の野生動物に対する嗅覚は、DNAに刷り込まれているはずである。このような柴犬が3頭もいれば、イノシシやシカ、サル、ツキノワグマを確実に追い払うことができる、とボクは思っている。

事実、このような犬の放し飼いは、つい半世紀前までは日本各地で見られた。長い歴史を見れば、人間に噛みつくような攻撃的な犬の系統は排除され、役立つ系統だけが選択されて集落に居残ってきたのだ。だから、日本犬を再評価し、地域によっては犬の放し飼い特区を設けて対処すれば、かなりの効

果があると確信している。

野生動物との向き合い方

　追い払いと捕獲、この2通りの方法を今後どう使い分けていくのかは、それぞれの地域の自然状態による。そのためにも、まずは現状把握が必須なのだ。だが、全国的な趨勢としては、もはや獣害を防ぎきれない状況があり、動物の種類によっては大規模な捕獲に踏み切らなければならないだろう。

　こうなると、個人や市町村の猟友会では対応できないから、動物対策のプロ集団といった存在が必要になってくる。たとえば、都会のレストランなどではゴキブリやドブネズミ対策として、駆除会社と専属契約を結び営業している。同じように、地方の大型動物対策は、行政単位で広範に戦略を立て、捕獲などをプロに依頼する時代に来ているのではないか。野生動物対策はきわめて奥が深く、臨機応変な対応が求められるから、それだけのスキルをもったプロ集団が、今後求められていくだろう。

　また、捕獲した動物たちの命を無駄にしないためにも、利用法をもっと考えていく必要がある。シカやイノシシに関しては、いろんな料理方法が各地で研究されている。地元の観光施設などで、より積極的に利用してもよいのではないか。ただし、原発事故の影響で地域によっては放射能汚染されているので、厳密な検査をしていくことも必要だが。

　あとは、ペットフードに利用したり、丸ごと有機肥料にしてもいいと思う。毛皮も有効利用できるはずだ。毛皮を一枚物で商品にするといった発想ではなく、小物などに利用していく方向もあるだろう。シカなどは、セーム皮の利用価値が高いから、まだまだ研究の余地がありそうだ。

　ともかく、これからの時代は、野生動物の現状をしっかり認識し、彼らとの緊張関係をもう一度取り戻さなければならない。さもなければ、日本人はこの先100年にわたって、獣害に悩まされ続けるだろう。人と野生動物が真に共存していくためには、互いに関心を持ち、危険を認識し合って、うまくすみ分けていくことが必要だ。そのためにも、自然や動物をただ花鳥風月的に愛でる自然観は、もうなくした方がいい。そのように美化された架空の自然観は、自然の本当の姿を見る目を曇らせ、あやまった保護意識を生む。それは結果的に生態系を攪乱し、自然を荒廃させていく要因となりかねない。

　野生動物の姿が美しいのは、何も人間社会から隔絶して、超然と生きているからではない。人間社会もふくめたすべての環境を受け入れ、その中で懸命に生き抜こうとする力強さ、たくましさの中に、生命力があふれ出ているからである。そういう姿をボクは美しいと思うし、学ぶべきことがたくさんあると思って、写真を撮り続けてきた。この本に収められた写真の一枚一枚は、そんな現代社会に生きる野生動物からのメッセージである。そこから何を読み取るか。この本が、人と野生動物の新たな関係づくりの一助となることを願っている。

宮崎 学（みやざき・まなぶ）

1949年、長野県に生まれる。精密機械会社勤務を経て、1972年、独学でプロ写真家として独立。中央アルプスを拠点に動物写真を撮り続け、「けもの道」を中心とした哺乳類、および猛禽類の撮影では、独自の分野を開拓。現在、「自然と人間」をテーマに、社会的視点に立った「自然界の報道写真家」として精力的に活動している。自身のウェブサイト「森の365日」（http://www.owlet.net）では、切り株や樹洞に来る動物たちを24時間ライブカメラで中継するなど、ユニークな試みを展開中。土門拳賞、日本写真協会年度賞、講談社出版文化賞など、数々の賞を受賞。主な著書に、『鷲と鷹』、『フクロウ』、『死』（以上、平凡社）、『アニマル黙示録』（講談社）、『アニマルアイズ』全5巻、『森の写真動物記』全8巻（以上、偕成社）、『カラスのお宅拝見！』、『となりのツキノワグマ』（以上、新樹社）などがある。

人間なんて怖くない
写真ルポ イマドキの野生動物

2012年3月10日　第1刷発行

著者 ………… 宮崎学
発行所 ………… 社団法人　農山漁村文化協会
　　　　　　〒107-8668　東京都港区赤坂7丁目6-1
　　　　　　電話：03（3585）1141（営業）　03（3585）1147（編集）
　　　　　　FAX：03（3585）3668　振替 00120-3-144478
　　　　　　URL：http://www.ruralnet.or.jp/
印刷・製本 ……（株）シナノパブリッシングプレス

編集 ………… Folklyric
デザイン …… 岡本健＋阿部太一［岡本健＋］

ISBN978-4-540-12116-6
〈検印廃止〉
Ⓒ宮崎学 2012 Printed in Japan
定価はカバーに表示
乱丁・落丁本はお取り替えいたします。